U0068982

實用 環境控制 與 節能減碳

陳良銅 —— 著

期待室內「森」呼吸

　　推動生物多樣性守護山林的有機農業長達三十幾年，雖對自然環境諸多體會，但忝為良銅嘉義高工冷凍空調科的同學，有關室內空氣品質與健康關係的知識，全拜這位業界大名鼎鼎的專家同學之賜！

　　雖然人可以幾天不吃飯，卻不能幾分鐘不呼吸，拜讀良銅兄的新書與他請益才發覺，住華廈、開名車、穿名牌、吃遍山珍海味的現代人，卻不知身處的住家與上班環境的空氣有多糟！

　　憶起1980年代我在仰德大樓的中華民國管理科學學會上班那時，一早精神抖擻的走進辦公室，卻總是在不久之後便精神不濟，跟良銅兄請益，才知當初的建築設計根本就沒有考慮到大樓的呼吸問題，室內新鮮空氣不足，讓人極易陷入昏沉。

　　新書是一本居家健康的生活手冊，書中提到許多寶貴實用知識，良銅兄在書中舉了許多生活實例，諸如冷暖氣是為了舒適，通風、換氣則是為了健康！空氣中的濕度關係到細菌、病毒、過敏原／氣喘、呼吸道感染、黴菌、塵蟎的滋生與消長，減少空間中的落菌數同時也會影響到建材、傢俱、電器、家用品甚至藝術品的壽命！

另如宴會廳、很多公私人空間已經將冷氣溫度調到26度C卻還是覺得太熱，得調到23度24度才覺得舒服，違反節能減碳造成耗能，這種現象其實是因為水氣中含了太多的熱量，當下只要除濕就可以解決這個問題！

　　環境因素與冷凍空調系統設備相融入展顯出良銅的傑出專業，他提到台中大都會歌劇院是伊東豐雄大師的傑作，得到了威尼斯建築雙年展金獅獎、普利茲克獎、日本建築學院獎，非常難得，可惜該建物的空調系統是適合歐美日低溫乾燥的環境下使用，並不適合台灣海島型多溼亞熱帶。

　　6月上旬報社老同事聚餐，從老長官口中得知近年兩位老長官、老同事的英年早逝，都是在醫院細菌感染所致，令人不勝唏噓！

　　台灣環境高溫、多濕是生物多樣性的主因之一，卻也容易滋生細菌，如果健保署規範醫療院所做好空氣的溫濕與新鮮空氣比例的控制，就可以降低細菌病媒的滋長，提升國人健康降低健保支出！

　　與良銅兄相識，從同窗至今已近半個世紀，目睹中學時代的他，數理能力就已經展露頭角，常見到老師在課堂上還在解題中，他的答案卻早就演算出來，由於他的數學能力、邏輯推理能力異於常人，加上窮理致知的熱忱態度，數十年來已經在空調界累積了很多經驗與發明、創新的成果，然而他從來不申請專利，只求分享，他也高瞻遠矚為國家的能源效率、環保問題、營建規劃乃至於健保效能的提升，擬具可行方案，有道是：數學的極緻是哲學，良銅兄有著對環境付出的大愛哲學思維。

有一老友Jason謝退休後，從明水路的豪宅搬到淡水河左岸後，謝大嫂過去睡眠品質不佳的狀況從此不見，天天一覺到天明！我們若無福緣處身好環境，透過良銅兄的多年精心專業積累而成的新著，我們可以改善居家生活的空氣品質，期待在家有如身處自然森林中的森呼吸，家就是真正放鬆療癒所在！

台灣樂活有機農業協會創會理事長
李鴻圖

桃李不言，下自成蹊

　　「環境控制與節能減碳」，幾個耳熟能詳的文字，卻是國家能源政策的重大議題，輕鬆的題目卻包含高深的學理，想寫、敢寫又寫得好的人不多了。由缺電的解方之儲冷空調，到空調實戰筆記之系統設計，均獲得業界熱烈的回響，在萬般期盼下，終於等到此書的出版，創新小單元式的編排，問答形式的解說，似是而非觀念的導正，實務案例的分享，再再體現出此書的實用性，人手一冊的工具書首選。

　　「陳良銅」三個字已是一個響噹噹的品牌，是任職於各大知名企業擔任技術顧問，操刀設計的指標案例無數。是受聘於各單位的講座名師，春風化雨廣結善緣，子弟兵桃李滿天下。當然也是宜松直屬母校能源與冷凍空調系的優秀學長，是所有系友會學弟妹的榜樣，其技師本質的學理素養，加上實際工程案例的實證分析，是難得的學術雙修標竿，空調業界的文武狀元之材。

　　回想早年創業初期，於工作之餘的進修課程中，被良銅老師的魅力所吸引，當時老師均出任各大上市櫃公司的企業內訓師資，更讓我喜出望外的是竟然同意到我公司授課，期間的互動使我公司的同仁獲益良多，由此事可知，良銅老師對於教育不分大小，只要

有心他都會傾囊相授，「花若盛開，蝴蝶自來」凡事保持初衷，默默付出只求盡力，定會有志同道合之人隨行，老師長期贈人與花，手留餘香矣。

各大學派雄據一方，「文人相輕，自古而然」，對比現今理事長滿街都是的揶揄，技職領域能被冠以師字輩的亦所剩無幾，宜松心目中「大師級」的良銅老師，除了專業領域的實質硬功夫外，還含有教育家深遠的軟實力於內，一生豐富經驗的累積，不藏私的出書公告世人，匠人精神之硬頸理念與擇善的堅持，將持續引領著冷凍空調業界，邁向下一個充滿挑戰，且可期待的美好新世紀。

能夠受邀撰寫本書的推薦序，深感無上光榮外，也是不可推辭的責任，冷凍空調產業大團結，是我心中多年的願景，相關工程技術的交流與精進，是產業發展重要的關鍵拼圖，良銅老師就是扮演技術整合的重要螺絲釘，是台灣空調產業的隱形冠軍，期待您能持續出書，嘉惠後代學子們。

台北科技大學能源與冷凍空調系友會理事長

柯宜松

認識風水、健康生活；
撥亂反正、智慧低碳生活家

　　台灣是全球第二個將室內空氣品質管理立法推動的國家，依據WHO統計，人的一輩子有90％以上時間在室內活動；日常生活中人可以7天不吃東西，可以3天不喝水，但無法1刻鐘不呼吸，所以要健康生活，關注室內空氣品質是未來居住者的重要通識教育。室內空氣品質是規範：1.室內空氣污染物以及2.溫度、相對濕度的品質標準；室內空氣污染物是指：二氧化碳(CO)、一氧化碳(CO)、甲醛($HCHO$)、總揮發性有機化合物($TVOC$)、粒徑小於10微米之懸浮微粒($PM10$)、粒徑小於2.5微米之懸浮微粒($PM2.5$)與臭氧($O3$)，而室內空氣汙染根本原因發生在通風不良佔了52％。書上「別把錯誤的環境當成宿命！」、「為什麼室內空氣品質這麼差？」有種閱讀尋寶的知識樂趣等待大家去探索，每個人對居住健康都應該有正確認知。

　　溫度、相對濕度除了提供舒適環境條件外也連動影響細菌、真菌的滋生速度，書上用認識建築風水（空調風循環與水循環），將生活觀察之現象、症狀、問題貫穿全書，閱讀後讓您對節能減碳知其然也知其所以然，很適合建築節能風水師跟想空調入門的人研讀。

夏天室外36℃進停車場溫度卻常常超過40℃，書中「誘導式風車其實是騙局」、「誘導式風機可以替代排風機？」、「全熱交換器可以同時解決IAQ與節能？」閱讀思考後可以讓你腦洞大開。期待繼空調實戰筆記後，陳老師第三本用類似生活小百科的問答整理的實用環境控制與節能減碳，將生活知識在2020編輯成冊發行，一定會讓更多讀者與受眾可以閱讀後撥亂反正，成為智慧低碳生活家。

台灣建築調適協會理事長

王獻堂

自序：

　　室內裝修的美輪美奐，好比是人員光鮮亮麗的外在美，那良好的室內環境控制，就好比是人員的內在美，人員在室內停留越久，對室內環境的感受就越深！室內環境之控制應該被特別重視。

　　室外溫度 20°C 左右的林口街道，在戶外有點涼、但很舒服，進入小 X 百貨逛逛、順便買些日常用品，賣場室內溫度稍微高、還可以接受，但覺得空氣很悶、讓人覺得很不舒服，受不了！只好離開。

　　路過康 X 美藥妝店，心想大型連鎖店之室內環境會比較好，進去買個牙間刷之類的，感覺是環境品質好一點點、但也不太好。

　　台灣很多賣場都有這種情形，夏天開冷氣時還好一點，當春秋季之室外溫度在 20°C 左右時，室內空氣就變得很差，原因竟然是沒有開冷氣！

　　其實春秋季引入大量外氣來通風，室內之空氣品質應該很好、也不會讓人覺得熱，到處碰到很悶的室內環境！很明顯，室內環境之控制普遍被忽略了！

　　台灣已經實施室內空氣品質管理法，但外氣引入量不足、甚至沒有外氣之公共場所卻到處都是，問題出在那裡？怎麼沒人管？

　　辦公室之室內環境品質標準，用上班八小時之二氧化碳濃度平均值來檢討，這種規定合理嗎？讀者試想：是不是可以在二氧化碳濃度較低的四個小時用力呼吸兩倍、另外四小時不要呼吸！

放任室內空氣品質惡化，如果因為沒有引入外氣比較節能！那氣溫宜人的春秋季節呢？無法引入外氣，犧牲了室內空氣品質、反而更耗能！

夏季很多公共地下停車場之溫度高到很誇張，令人非常不舒服；當氣溫驟降，開車進入停車場時，車體表面全部起霧，包括車窗與後照鏡，也很容易因而發生碰撞，這種通風不良的地下停車場，竟然可以成為普遍常態，這是非常糟糕的現象！

有些朋友形容筆者是把自己當成傳教士做「專業宣導」，仔細想想：好像也是，因為大環境有太多的積非成是，一直很想去改善這些錯誤。

也有很多同業朋友跟我打氣，說我是在做功德，廿年來的專職顧問生涯，讓業界優化之工作項目，其實也已多到可以如數家珍，譬如利用汙水系統之共同存水彎來避免浴室臭氣、加強熱水管保溫來避免水溫驟降、冷水採用批覆保溫管來避免結露滴水、停車場之排氣口錯開車道入口來提高通風效果、避免熱島效應來提高冷氣機效率、正確配置冷氣室內機來提高冷氣能力與節能、利用儲冰水槽來避免冰水機起停頻繁、設計儲冰設備來替代小冰水機、提高熱泵效益之熱水系統設計、冬季利用冷卻水塔之自然冷卻來減少冰水機負荷、利用空調箱旁通控制來減緩春秋季之相對濕度偏高問題、利用定溫閥來解決 FCU 之冰水過流量問題、將水泵壓力錶應裝設在有用位置、正確之水泵避震安裝...等等，這些都成為筆者持續對業界進行「專業宣導」的動力。

環境控制與節能減碳

　　健康的環境包括室外與室內，室外環境除了著重在空氣汙染與噪音之防治外，管制帷幕玻璃建築之太陽光反射、冷卻水塔之冷卻水飛濺等，也是室外環境的一環，室內環境其實就是建築物之空調系統，健康的室內環境是健康建築設計之首要工作；因此，健康建築必須著重在室內環境控制，然而室內環境控制與節能減碳經常會互相牴觸，建築設計時必須尋求適當之平衡點，但有時候環境控制與節能減碳可以兼得，譬如氣溫較低之春秋季引入大量外氣來進行自然冷卻，不但比較節能、而且室內環境會更優，應該被廣泛推廣才是！

　　健康環境與減碳之推動必須仰賴政府法規，包括健保單位限制醫院門診空間之落菌數來降低交叉感染、環保單位限制濕或熱空氣之任意排放（譬如規定排放高度必須高於地面 3m 以上）、能源單位限制空調散熱設備之熱島效應（譬如冷氣室外機之進風溫度不得高於室外溫度 1°C 等）。

　　室內環境控制對於健康建築來說，是相當重要的工作，尤其是二氧化碳、甲醛與其他氣狀汙染物之濃度限制與相對濕度之控制，這些都是建築物空調系統設計與操作之範疇；如果室內環境管制交由環境工程技師來執行，那環境工程技師就必須培養足夠空調系統設計與操作之能力。

　　建築空間之二氧化碳、甲醛與其他氣狀汙染物濃度限制，必須著重在建築空間之通風效果，其實建築物之

通風設計是必要工作，在夏季提供冷氣、冬季提供暖氣則是用來提升室內環境之品質，藉以提高人員之舒適度與工作效率。

在氣候普遍濕熱之地區（如台灣），利用建築空間之相對濕度控制，來避免室內環境太過於潮濕，可以抑制室內黴菌與塵蟎的生長，對於人員生活的健康環境尤其特別重要。

對於著重在落菌數限制之醫院，室內相對濕度與通風之控制尤其重要，必須盡可能將室內相對濕度控制在50%RH 左右，來抑制細菌之成長，不足部分才仰賴殺菌設備補強；夏季限制外氣引入量係基於節能減碳，當春秋季節之外氣溫度下降時，則應該利用大量通風來減少醫院之落菌數，除了改善室內環境品質外，甚至可以減少空調系統之耗電量。

沒有提供冷氣與暖氣之停車場，也不能免除通風系統之建置，必須靠通風來移除車輛產生之一氧化碳、二氧化碳、熱量與水氣等，來維持停車場之環境品質，尤其是熱量與水氣之移除，必須設計有效之通風系統，而不是仰賴沒有功能之誘導式風車。

浴室與廁所除了會產生水氣與臭氣外，排水管路將銜接化糞池或衛生下水道，必須利用水封來隔離化糞池或衛生下水道之沼氣、臭氣與可能進入室內之蟑螂等昆蟲；因此，室內環境控制著重在存水彎之水封維持與室內通風效果，對於乾濕分離之排水管路必須建置共同存水彎，來避免地板排水口之水封因無水而失效，也必須建置通風設備來排除浴室與廁所產生之水氣與臭氣。

目錄

公共環境篇：

節能減碳篇：

別把錯誤的環境當成宿命！

　　健康建築之室內環境控制，應著重在 PM2.5 懸浮細微粒之移除、室內空氣新鮮度之維持與室內相對濕度之控制等。

　　PM2.5 懸浮細微粒之移除，必須仰賴外氣空調箱或室內循環空調箱之空氣過濾，來移除外氣之懸浮細微粒或室內產生之懸浮細微粒，靠人員戴口罩來減少對人體呼吸系統之影響，則是不得已之亡羊補牢措施。

　　室內空氣新鮮度之維持必須靠通風，也就是引入室外之新鮮空氣來對室內空間進行換氣，靠空氣過濾來減少室內之甲醛或其他氣狀汙染物濃度，其維持成本相當高，而且往往僅是杯水車薪。

　　至於室內相對濕度之控制，對於室外普遍潮濕之地區（如台灣），一定要加強室內環境之除濕，人員不在之室內空間可以不控制溫度、但不能不控制相對濕度。

　　當大家普遍在意 PM2.5 懸浮細微粒時，卻在自己周邊持續製造 PM2.5，譬如抽菸、燒烤食材或燒香等，這是很矛盾的。

　　如果要在室內抽菸、燒烤食材或燒香，一定要建置排氣系統，將 PM2.5 與有害人體之氣狀汙染物即時抽至室外，一方面保護自己、一方面避免影響別人；當有人在室外抽菸、燒烤食材或燒香時，也要盡量避免站在下風處來減少 PM2.5 與氣狀汙染物對人體之影響。

　　利用通風設備來維持室內環境之空氣新鮮度，是室內環境控制之必要設計，冷氣（或暖氣）只是用來提高

人員舒適度，除非是非常熱或非常冷之環境，冷氣（或暖氣）並沒有室內之換氣通風來得重要，只有冷氣（或暖氣）之室內空間，而沒有考量換氣通風，是本末倒置之設計，應該確實加以導正！

裝了冷氣機之室內空間，開啟冷氣可以除濕，這對夏季自然沒有問題，但春秋季會造成室內溫度偏低、甚至無法持續進行除濕運轉！對於濕度偏高、需要除濕之春秋季節，必須設置除濕機來補償除濕。

移動式除濕機之除濕量小，而且當除濕機滿水位時就停止持續除濕，因此對室內環境濕度之改善有限，潮濕環境應該裝設足夠除濕能力之吊掛式除濕機，或裝設具備冷卻除濕再熱之冷氣機。

在氣候極端異常之世代，經常會發生氣溫驟降之現象，車輛之車體表面溫度因而很低，當車輛進入通風不良之停車場時，車輛所有表面會瞬間起霧，包括所有車窗玻璃與後照鏡等，這會影響行車安全的（尤其是必須倒車入庫時），這種安全問題不應該被忽略！

停車場慣用之誘導式風車是無法排除停車場的熱量與水氣的，對停車場空間進行空氣擾動，還會因揚塵而造成 PM2.5 之室內環境問題！讀者試想：沒用的誘導式風車為何要裝？

其實只要將停車場排氣口設置在車道入口之對角，根本無需誘導式風車，而且停車場環境會改善很多，如果停車場排氣管道與車道入口相鄰，那停車場就必須配置排氣風管，即使風管尺寸因空間受限，車道入口對角僅達到 10%之排氣需量，停車場之環境也不致於很糟！

積非成是，改變需要時間！

　　晚餐後和老婆在社區散步，春天的室外溫度 22°C、微風，雖然有點冷、但走起路來很舒服，走到社區圖書室前，心想在社區住了三十年了，都沒進去過社區圖書室，進去看看報紙也好，進去不到半個鐘頭，老婆就覺得頭有點痛、我是覺得背部有點冷！

　　觀察一下圖書室的室內環境控制設備：直吹式箱型冷氣機＋吸頂循環風車，圖書室面積不是很大，室內外溫度相近，箱型冷氣機當然沒有開，但吸頂循環風車直接吹向人員頭部，難怪會覺得不舒服！

　　直吹式箱型冷氣機沒有辦法適當分布冷氣，利用吸頂循環風車來改善冷氣分布，在夏天非常熱、冷氣不太冷時，的確會有幫助，但春秋季節會造成人員不舒服？

　　直接吹向人體的冷風應該在 28°C 左右，15°C 的冷氣分布是吹向天花板面，利用冷氣的密度較高而自然下墜，人體表面實際風速僅 0.25m/s 左右，所以會覺得很舒服，這是亞熱帶地區最佳之室內冷氣分布方式。

　　筆者發現圖書室的箱型冷氣機採用水冷式散熱，理論上水冷散熱之效率會比氣冷散熱高，但水冷式散熱必須定期保養、清洗冷凝器與冷卻水塔，水冷式箱型冷氣機保養被忽略是常態，絕大部分都是冷氣機散熱不良、跳機才會找人來修理！

　　水冷式箱型冷氣機慣用之管中管冷凝器或板式冷凝器，根本無法確實清洗冷凝器，保養完之水冷式箱型冷氣機，很快又運轉在散熱不良工況，只是暫時不再跳

3

機而已，那冷氣機從正常運轉到散熱不良跳機，會歷經一段超低效率之運轉工況，將增加很多的電費支出的，筆者實在無法接受這種不正常的冷氣工程設計；但很遺憾，這種持續運轉在散熱不良工況之水冷式箱型冷氣機設計，竟然成為普遍之常態！

也許要等到冷氣設備之耗能可視化、加上大數據統計分析比較，大家才會檢討這種耗電量非常高、而且環境控制沒有到位的設施！

圖書室是人員密集之場所，應該採用空調箱搭配風管與出風口，來進行良好的空氣分布，天氣很熱之夏季與很冷之冬季，適量引入外氣來維持室內環境之空氣新鮮度，利用空調箱來控制室內環境之需求溫度，對於天氣溫和之春秋季節則可以大量引進外氣，來維持室內環境之溫度，這種設計不但空氣好、省電、而且比較舒服。

採用管中管或板式冷凝器之水冷式冷氣設備，應該搭配閉迴路冷卻水塔，來避免冷凝器之冷卻水硬度，因冷卻水持續蒸發而提高，藉以免除冷凝器之除垢保養。

然而閉迴路冷卻水塔之造價很高，這對於因預算不足而採用水冷式箱型冷氣機之個案，是不可能成局的。

水冷式箱型冷氣機搭配便宜的圓形冷卻水塔，不但會造成冷凝器容易結垢、過濾篩容易堵塞，徒增保養之負擔，而且夏季之冷卻水溫容易滋生細菌，對於圓形冷卻水塔所飛濺之冷卻水，也是周圍環境之一大負擔。

針對單獨設置冷氣設備之小型圖書室，其實不適合採用水冷式箱型冷氣機，而應該採用氣冷散熱之冷氣設備，來降低日後冷氣設備保養之負擔。

為什麼 26°C 會覺得太熱？

　　人體冷熱的感覺取決於體感溫度、相對濕度與人體表面之風速，體感溫度則受周邊環境之乾球溫度與輻射熱之影響。

　　人體因運動而燃燒熱量的同時，必須持續不斷的散熱，散熱不良會讓人覺得熱，長時間散熱不足時，人體會因過熱而中暑。

　　人體之散熱機制有二：一是靠皮膚表面來散熱，另一則是靠身體流汗來散熱，身體流汗散熱係用來補償皮膚表面散熱之不足。

　　皮膚表面之散熱量取決於皮膚表面積、熱傳導係數及皮膚與環境溫差之乘積，皮膚表面之熱傳導係數會因著衣量與皮膚表面風速而變。

　　人體著衣量越多或皮膚表面風速越低時，熱傳導係數越小;反之,人體著衣量越少或皮膚表面風速越高時、熱傳導係數則會越大。

　　人體必須控制在 37°C 左右，當室內環境溫度控制在 25°C 時，皮膚表面之散熱溫差為 12°C，當輻射加諸人體皮膚表面時，體感溫度會增加、皮膚表面之散熱溫差則減少，會讓人覺得熱。

　　如果皮膚表面不足以達到散熱需求，人體會自動啟動第二道散熱機制，張開皮膚之毛細孔使汗水流出，利用汗水之蒸發來補強散熱；反之，當人體因散熱過多而覺得冷時,皮膚之毛細孔會緊閉,來避免人體持續流汗，藉以減少汗水蒸發散熱而過冷。

汗水之所以能夠蒸發散熱，取決於周邊空氣之相對濕度與汗水表面之風速，當相對濕度越低時、汗水越容易蒸發散熱，汗水表面之風速越高時、亦有助於汗水之蒸發；但當相對濕度高達 100%時（如蒸氣室），汗水則無法蒸發散熱，此時即使提高汗水表面之風速，也無助於汗水之蒸發。

了解人體之散熱機制，就不難體會為什麼周圍溫度同樣是 26°C，有時候會覺得 OK、有時候卻覺得熱？

構成人體冷熱之感覺不是只有人體周圍之乾球溫度，還包括相對濕度、人體表面風速、人體著衣量、輻射熱與人體之活動程度，當相對濕度在 50%RH、風速適當、沒有異常之輻射熱時，26°C 會讓人覺得很舒服，甚至可以應付冬季著衣量（指穿西裝打領帶），但相對濕度偏高、風速太低或輻射熱加諸在人體表面時，就希望將室內溫度調低至 25°C、甚至 23°C。

台灣的宴會廳空調冷氣系統，除濕量普遍不足，經常造成相對濕度偏高，於是使用者會將室內溫度設定在 24°C，當陰天或下雨天時，甚至必須將室內溫度調低至 22~23°C 才不會覺得熱。

對於不當之玻璃帷幕牆建築，在東側、甚至西南側曝曬到太陽輻射熱時，即使將室內溫度設定在 23°C，都讓人覺得很熱。

總而言之，將室內溫度控制在 26°C，並不是不可以，而是必須同時控制適當之相對濕度與風速，而且必須避免加諸人體表面之過大輻射熱，否則將無法提供令人滿意之室內環境。

外氣經水簾降溫可以節能嗎？

　　某大空調企業王董準備在林口蓋商務飯店，建築師在地下室設計水簾景觀，空調設計鄭技師則配合建築師的想法，將外氣送經水簾冷卻後，再送至各外氣處理空調箱之入口，由於外氣經水簾冷卻必須多花費可觀之土建費用，王董於是詢問筆者：外氣經水簾冷卻之節能效益如何？

筆者：沒有效益。

鄭技師：建築師帶他去參觀某大樓外氣經水簾冷卻之標的，真的對夏季之外氣有明顯降溫效果。

筆者：焓值有沒有降低？

鄭技師：對哦！焓值並沒有降低。

　　讀者試想：焓值沒有降低，如何節能？焓值沒有降低就無法減少冰水機之耗電量。

　　在氣候普遍乾燥的歐洲等地區，夏季將外氣送經水簾進行蒸發冷卻，除了可以降溫外、也可以對乾燥外氣進行加濕，藉以減少冰水機之耗電量，同時避免室內環境太乾燥；但在夏季濕熱的台灣地區，將外氣送經水簾進行蒸發冷卻，雖然可以降低外氣之乾球溫度、但卻會提高相對濕度，無法降低外氣焓值，外氣空調箱實際處理之冷卻除濕負荷，其實並沒有減少，冰水機之耗電量是無法降低的。

　　外氣送經由水簾進行蒸發冷卻後，再送進外氣空調箱，外氣空調箱之冷卻盤管進風乾球溫度會降低，冷卻盤管之冰水回水溫度也會同步降低，冰水供回水溫差將

減少，除了會增加冰水泵之耗電量外，可能必須因而多開啟一台冰水機來增加冰水流量，結果造成冰水主機場（包括冰水機、冷卻水泵、冷卻水塔風車與冰水泵等）之耗電量反而增加。

　　進一步檢討，外氣送經由水簾進行蒸發冷卻後再送進外氣空調箱，外氣空調箱冷卻盤管之除濕負荷將明顯提高，盤管下部之水膜厚度會因而加厚，冷卻盤管性能也會因氣流不均而下降。

　　為了補償冷卻盤管性能之下降，必須增加冷卻盤管之排片數，結果不但提高造價、也會增加冷卻盤管之風壓降，耗電量反而會因風車之風壓提高而增加。

　　將外氣送經水簾進行蒸發冷卻後，再送進外氣空調箱進行冷卻除濕，夏季還有潛在的室內空氣品質惡化之風險，那就是水中細菌對室內空氣之影響。

　　讀者試想：一般人喝到含有細菌之飲水，由於人體胃酸之殺菌，人員也許不會因而生病，但將含有細菌之飲水噴成霧狀，由呼吸道進入人體，那就很難說了！

　　總而言之，外氣經由水簾進行蒸發冷卻後再進外氣空調箱進行冷卻除濕，除了無法減少外氣空調箱之冷卻除濕負荷外，反而會增加外氣空調箱之風車與冰水主機場之耗電量；因此，在濕熱的台灣地區，外氣經由水簾進行蒸發冷卻，只有負擔、沒有效益。

高壓水霧可以降低環境溫度！

　　台灣近年來到處看到公共場所設置高壓水霧系統，對夏季濕熱環境進行蒸發冷卻，設置者洋洋得意如此創意帶來之降溫效益，殊不知已將環境品質陷入潛在的風險，至於蒸發冷卻之降溫效益，事實上是提高濕度所得到的，會讓環境顯得更悶熱、汗水更不容易蒸發，真的有比較舒服嗎？

　　天氣很熱的夏天戲水可以消暑，高壓水霧當然可以降低環境之溫度、讓人覺得不會那麼熱，但降低環境溫度、同時提高相對濕度，太熱流汗之汗水不容易蒸發，也會讓人覺得悶熱！

　　夏季之儲水槽容易孳生細菌，高壓水霧之水質控制將是另一項工程，如果採用添加氯來殺菌（一般慣用之方式），水霧環境將會顧此失彼、增加氯氣之汙染。

　　對於通風不良之停車場，當夏天之外氣溫度達 35°C 時，停車場之溫度往往高達 50°C！由於使用者將它成是宿命、已經習以為常，在普遍無知之情況下，停車場溫度偏高之問題因而得不到改善。

　　停車場溫度高達 50°C 絕對不是舒服的環境、甚至會讓人無法忍受，於是高壓水霧廠商竟然將產品推銷到公共停車場，美其名可以改善停車場之溫度偏高問題；事實上，高壓水霧雖然能夠降低空氣之乾球溫度、但會提高濕度，實際之等效溫度並沒有降低，反而會增加車體玻璃起霧之風險，這對於停車場之環境問題不但得不到改善、反而會變得更糟糕！

環保冷媒真的環保嗎？

到底甚麼是環保冷媒？是家裡的電冰箱環保冷媒 R-134a？還是分離式冷氣機環保冷媒 R-410A？談到環保冷媒，必須先了解為什麼會有環保冷媒？

因為地球大氣臭氧層產生破洞，造成太陽之紫外線容易長驅直入到地表，使得直接曬太陽時容易發生皮膚病變，於是檢討破壞臭氧層之元兇，而有蒙特婁協議，禁止與限制含氯冷媒之使用。

含氯冷媒對大氣臭氧層之破壞力以 ODP（Ozone Depleting Potential，臭氧消減潛勢）為指標，禁止與限制含氯冷媒之使用，包括 CFC（氯氟碳化物）冷媒與 HCFC（氫氯氟碳化物）冷媒。

因為廿一世紀之地球溫暖化造成氣候極端異常，世界各地水災、旱災頻傳，海平面因暖化而呈上升潛勢，於是而有京都議定書，限制溫室氣體之排放。

對於溫室氣體之限制以 GWP（ Global Warming Potential，地球溫暖化潛勢）為指標，限制二氧化碳之排放量，並以二氧化碳為基準（GWP=1.0），禁止與限制高 GWP 值之氯氟碳化物（CFC）、氫氯氟碳化物（HCFC）、全氟化碳（FC）與氫氟碳化物（HFC）冷媒之使用。

R-11 與 R-12 冷媒屬 CFC 冷媒，ODP 值高達 1.0，對地球臭氧層之破壞力很大，因此蒙特婁協議禁止 CFC 冷媒用在新冰水機（如 R-11 與 R-12 冷媒）與清洗劑或發泡劑（如 R-11）。

因為 R-11 之 ODP 值很高，會嚴重破壞臭氧層，於是用 R-123 來取代 R-11 冷媒，但 R-123 一開始就被列為過渡期冷媒，因 R-123 屬 HCFC 冷媒，ODP 值仍然有 R-11 的 2%左右，基於對臭氧層修護之期待，所以被列為過渡期冷媒。

R-12 與 R-11 有相近之 ODP 值，必須採用替代冷媒，於是拿 R-134a 冷媒來暫時取代 R-12 冷媒。

R-134a 屬 HFC 冷媒，不含氯、不會破壞臭氧層，一度被認為是環保冷媒，廣泛被用在家用電冰箱、汽車冷氣與離心式冰水機，但由於地球之溫室效應越來越嚴重，R-134a 之 GWP 值高達 1300，歐盟多年前就已規定汽車冷氣禁用 R-134a 冷媒，因此 R-134a 已經不是環保冷媒，歐盟電冰箱與冰水機能繼續採用，是因為還沒找到更合適的冷媒。

廿一世紀以來，地球溫室效應所造成的極端氣候型態，世界各地災害頻傳、而且有越演越烈之勢，GWP 值管制之重要性明顯不亞於 ODP 值，R-123 雖然會破壞臭氧層，但由於 R-123 之 GWP 值僅 120、R-134a 卻高達 1300，因此不能認定 R-134a 就比 R-123 環保，只是 R-123 屬微毒性冷媒，採用時必須加強機房通風 (通風工程可依照 ASHRAE 之規定施作)。

由於 R-123 會破壞臭氧層，冰水機大廠已暫時改用零 ODP、低 GWP 之 HFO-1233zd（氫、氟、碳組成的不飽和有機化合物），至於還沒有完美的冷媒之前，R-134a 是不得不之選項，規定僅能採用 R-123 或 R-134a 都沒意義，節能減碳、減量採用才是王道。

R-410A 冷媒用來替代 R-22 冷媒，主要是 R-410A 屬 HFC 冷媒，不會破壞臭氧層，因此被廣泛用在分離式冷氣機。

R-410A 與 R-22 冷媒之 GWP 值皆高達 1700，然而 R-410A 屬非共沸冷媒，冷媒一旦洩漏，必須抽真空、並重灌新冷媒，對溫室效應之危害比 R-22 還大，尤其是應用在冷媒管路很長之多聯式冷氣機，絕對不是環保冷媒，分離式冷氣機採用 R-410A 冷媒，是因為還沒找到更合適的冷媒。

R-410A 是由 R-32 與 R-125 混合而成，由於 R-32 具微燃性、R-125 是止燃劑，混合 R-125 是不得已的，混合 R-125 後之 R-410A 成為非共沸冷媒，使用時應減量採用，發展多聯式 VRV 冷氣、將冷媒管佈滿大面積辦公場所，其實是很不符合環保的，如果改用 R-32 冷媒，則必須有防止燃燒爆炸之保護機制。

真正的環保冷媒應是自然冷媒，如氨、二氧化碳與水等，氨冷媒廣泛被用在冷凍冷藏系統，雖然具微毒、會爆炸燃燒，但只要做好安全系統，其實是一種相當好的環保冷媒。

廿世紀初的冷凍冷藏系統，二氧化碳冷媒也曾經被廣泛應用，但由於高壓側之冷媒壓力很高，廿世紀中葉以後，逐漸被氟氯碳冷媒與氨冷媒取代。

至於地球資源豐富的冷媒「水」，常溫常壓下為液態，必須在高溫或真空狀態才能呈氣態，目前只能用在吸收式冰水機，如果未來壓縮機之吸氣壓力能滿足水之蒸發需求，對空調冷媒之環保將是一大貢獻。

誘導式風車可以替代排氣風管！

車輛進出很頻繁之公共停車場與商場停車場，如果用誘導式風車來替代排氣風管，停車場之溫度與濕度都會大幅偏高，因為誘導式風車無法排除車輛引擎產生之熱量與水氣；某顧問公司採用筆者的建議，以排氣風管設計公共停車場與商場附設停車空間，結果通通被承包商以價值工程作業改成誘導式風車，真是另人遺憾！

或許筆者沒有參與價值工程作業，業主被誤導了！或許業主必須教育訓練，或是應找對具專業的專家來參與價值工程檢核？終究太多的使用者與業主把夏天停車場溫度高達 50°C 當成常態、認為是宿命！

停車場必須排除之主要汙染源除一氧化碳外，對於夏季濕熱的台灣，熱量與水氣的移除是相當重要的，要移除熱量與水氣必須靠排氣風管，靠誘導式風車是不可能的任務！

近年來有很多經過停車場的冰水管結露滴水、甚至連樓板都結露滴水了，在檢討會中經常有業主提到：為什麼別人的停車場不會結露滴水，我們的停車場卻結露滴水那麼嚴重！

別人的停車場真的不會結露滴水嗎？以前確定不會（至少很少聽說），現在則必須再了解才能定論，因為氣候異常極端的今天，會有大量之水氣瞬間進入停車場,造成建築冷表面結露滴水,如果停車場通風短循環,並設計沒有辦法排除水氣之誘導式風車，結露滴水之問題將會更嚴重！

停車場之誘導式風車，其實是騙局？

　　筆者經常提醒通風設計者，車輛進出頻繁之商場與公共停車場，不適合採用誘導式風車接力來通風，因為誘導式風車接力無法移除車輛因巡車而產生之大幅熱量，會造成停車場之溫度高到無法忍受。

　　台灣風車製造的先驅吳董有一次帶他的兒子（職務是董事長特助）來找筆者，筆者與吳特助的對話，值得讀者參考。

吳特助：為什麼歐美停車場通風系統，都沒有採用誘導式風車接力的案例？

筆者：停車場通風採用誘導式風車來接力，本來就是騙局一場！

吳特助：這是我第二次聽到誘導式風車接力之通風設計是騙局，第一次是在歐洲，製造風車的老外這麼說的。

　　在氣候尚未經常極端變化時，筆者有一次到桃園縣政府（當初尚未改制成院轄市），由於冬季氣溫比較低的關係，車體表面溫度相對較低，當車子進入停車場時，所有玻璃全部起霧、甚至連後照鏡也起霧！

　　汽車玻璃全面起霧，影響開車視線！擋風玻璃之水霧可以利用雨刷來刮除，但停車時必須倒車入庫，但後照鏡起霧怎麼停車？由於後面有車輛跟隨，筆者當下沒辦法，只能憑感覺停車，僥倖沒發生碰撞，心想：這座停車場的濕度未免太高了！

　　為什麼停車場的濕度會那麼高？檢視後發現，原來又是誘導式風車接力惹的禍！利用誘導式風車來替代

排氣風管的後果，心想：如果因為公共停車場的環境造成車體表面起霧，停車時發生碰撞，是不是可以依國家賠償法申請國賠？

近年來氣候經常極端的冷、或是熱，春天氣溫經常突然大幅下降，車子進入停車場時之起霧問題竟然成為常態，大部分公共停車場都有此種問題、甚至連住宅停車場也無法豁免，讓很多人困擾不已，卻久久未聞政府部門提出對策。

當夏季氣溫升高了，停車場起霧問題不再，大部分的人也就淡忘了！其實問題並沒有解決，秋天或明年春天來臨時，停車場起霧問題仍然依舊，是不是沒發生人命問題，這種通風問題不會被重視！

停車場通風採用誘導式風車來接力，本來就是騙局一場，尤其是台灣地區的停車場，設計時由電機技師負責、施工時由水電工程公司承包，經常缺乏專業通風設計與監工，使得錯誤的方式成為主流，影響建築師的建築設計，誤認誘導式風車接力之通風可以減少建築占用高度，把壓低停車場建築高度當成價值工程的一環。

普遍降低停車場高度之設計，扼殺了改正停車場錯誤通風方式的機會，無法設置正規的排氣風管，停車場在夏季非常熱、春秋冬季車輛玻璃起霧逐漸成為常態，難道這是台灣停車場不良環境的宿命！？

如果停車場誘導式通風用在歐美日等乾燥地區，利用高風壓之鼓風機，將外氣平均分布到停車場的高風速噴嘴，利用高風速噴嘴之誘導，來增加停車場循環風量、減少必須設置之風管尺寸、同時足以稀釋與推排停車場

之一氧化碳，避免一氧化碳濃度偏高，對建築壓低停車場高度有一定之價值；這種設計如果應用在濕熱的台灣地區，那一點點的外氣量，夏季不足以稀釋車輛產生的熱量而溫度偏高，春秋冬季無法迅速稀釋車輛產生之水氣，對於氣候驟變的世代，進入停車場之車輛，玻璃仍然會有起霧之虞！

如果將誘導式通風風管改成誘導式風車，表面上可以將停車場誘導式通風縮小風管尺寸的價值，更進化為不用通風風管，但夏季超熱、春秋冬季車輛玻璃起霧問題將更嚴重！

終究停車場的環境控制，並不僅僅是一氧化碳濃度之限制，溫度與濕度也是非常重要的環境因子，尤其是濕度會影響停車安全，不應該等閒視之！

說停車場通風採用誘導式風車來接力是騙局一場，一點也不為過，光從稀釋與推排停車場之一氧化碳來檢討，舉例 100mx40m 之停車場誘導式風車接力之設計，通風量需求為 100,000CMH，如果選用 500CMH 之誘導式風車、推排距離為 10m，以 10 次來推排停車場之廢氣，讀者覺得應選用多少台之誘導式風車？200 台對不對？

其實必須選 2,000 台才能滿足通風需求風量！讀者會覺得：怎麼可能？2,000 台要花很多錢耶！還有配電費用、建築安裝空間？！

讀者試想：停車場接力通風之誘導式風車數量 N=100,000CMH/500CMHx10 次接力=2,000 台，對不對？筆者所看到的個案都僅設計 200 台，那就是僅建置

了 10%的停車場通風之需求量，要不是現在的汽車燃燒效率很高、廢氣少，甚至車輛進出不頻繁，否則 10%的通風需求量，停車場的空氣品質絕對會糟透！

這還不是最糟糕的狀況，事實上有很多停車場之誘導式風車，是沒有辦法把廢氣推排至負責接力的下一台誘導式風車，誘導式風車等同虛設，設備廠商還美其名叫擾動空氣！！

停車場本來 PM2.5 的問題不大，因為誘導式風車之空氣擾動，將地面上的粉塵擾動、揚塵到人員的呼吸系統，反而製造 PM2.5 的問題，那才是更糟糕之現象！

檢討停車場通風之誘導式風車應有的數量，其實也沒有意義，因為即使對 100m×40m 之停車場設置了 2,000 台誘導式風車，也無法確實移除停車場因巡車而產生之熱量與水氣。

或許是住宅停車場、車輛進出頻率很低，沒有太多之車輛引擎發熱量，停車場溫度尚可忍受，但氣候極端快速變化的世代，基於停車安全，停車場的水氣排除變得非常重要，這是誘導式風車無法克服的任務，即使裝再多台誘導式風車也沒有用。

要解決停車場的通風問題，必須回歸傳統的風管排氣方式，利用排氣口直接將停車場之一氧化碳、熱量與水氣一併排除。

或許市場上的建築物，停車場高度普遍不高，基於建築成本而不願意提高停車場高度，那至少在建築設計時，排氣風車之排氣口必須設計在車道入口的對角，來達到最基本的通風效果，避免停車場之通風太糟。

全熱交換器可以同時解決 IAQ 與節能？

或許有些讀者看到全熱交換器廠商的廣告詞「IAQ 與節能，Total Solution。」，認為空調系統裝設全熱交換器，不就可以大量引入外氣了嗎？

事實上，全熱交換器之實際效率並不是 100%、尤其是潛熱效率偏低之全熱交換器，對於外氣條件普遍潮濕之台灣地區，對外氣冷卻除濕負荷之降低幫助有限，外氣減量控制之設計才是節能王道。

裝設全熱交換器來降低外氣處理之耗能，這必須實際估算全年之耗電量才能算數，效益高低要看實際室內外焓差大不大？

在歐洲、日本或中國大陸華北等高緯度地區裝設全熱交換器，在冬天之氣溫非常低時，引入之外氣利用全熱交換器來進行預熱與預加濕，會有很高之節能效益，但在台灣卻不盡然，因為大部分季節之室內外焓差（尤其是溫差）都不大。

全熱交換器雖然可以減少冷媒壓縮機之耗電量，但會增加外氣進氣與排氣之風管系統壓降，風車之耗電量是會增加的，這對於室內外焓差不大之地區，全熱交換器之節能效益將會大打折扣！

到底值不值得裝設全熱交換器？應考量全年之室內外焓差，逐時計算實際耗電之差異才能判斷；因此，無論是否裝設全熱交換器，在兼顧 IAQ 之原則下進行外氣減量控制，避免濕熱夏季與寒冷冬季之外氣過量，並做好外氣之分布與平衡，才是節能減碳的不二法則。

潮濕環境應善用化學除濕

冷卻除濕不是空氣除濕的唯一方式，當冬季氣溫很冷、冷卻除濕之除濕機無法運轉，或中央空調之冰水溫度不夠低時，必須靠化學除濕來當救援投手。

在春秋季節之空氣經由冷卻除濕後，利用化學除濕來進行補償除濕與回溫再熱，可以避免室內環境之相對濕度偏高，對於冷卻除濕再熱之產業空調，也可以大幅減少再熱之熱源。

當空調系統進行外氣自然冷卻時，如果搭配化學除濕設備，濕冷之外氣經化學除濕降低相對濕度，室內相對濕度偏高之現象，將獲得大幅改善。

譬如當外氣條件在 20°CDB/75%RH 左右時，大量引進外氣進行自然冷卻，室內環境之相對濕度會大幅偏高至 80%RH 左右，如果利用化學除濕來進行除濕與回溫再熱，相對濕度偏高問題將得以解決。

對於潮濕環境之外氣處理空調箱，熱泵提供之冰水對春秋季之外氣進行冷卻除濕，冷卻除濕後之空氣經化學除濕處理，可以得到乾爽之空氣，熱泵提供之熱水則對化學除濕機進行還原，來提高化學除濕之除濕能力，如此不致於造成室內環境之溫度過低，乾燥之空氣溫度也不會像熱泵冷卻除濕後再熱那麼高，一年大半的時間只要開啟外氣處理空調箱，室內環境之溫濕度就得以趨近於期待值、讓人覺得很舒爽，室內冷氣循環設備僅須保持低載運轉、甚至通風即可，不但可以得到舒適之室內環境、甚至降低整體空調冷氣系統之耗電量。

台北地區經常濕度偏高，居家之室內溫度雖然僅25°C，卻想開冷氣、否則覺得很悶熱，原因是相對濕度高達 75%。

　　如果能夠將全熱交換器改成冷卻除濕與化學除濕並用之外氣處理機組，利用小型冷媒熱泵系統之蒸發器對引入之潮濕外氣進行冷卻與預除濕後、再經化學除濕進行再除濕與升溫，室內可以得到乾爽之新鮮空氣，外氣溫度在 25°C 時，不用開啟室內冷氣機，即使外氣溫度在 30°C 左右，不開啟室內冷氣機也可以接受，如此將可以大幅減少冷氣機耗電量；小型冷媒熱泵系統之冷凝器則對化學除濕進行還原，使化學除濕得以持續對冷卻除濕後之外氣進行化學除濕，還原後之濕熱空氣再排至室外，一方面可以對室內進行換氣、使室內維持一定之空氣品質，另一方面可以降低室內溫濕度，來減少室內冷氣機之開啟頻率。

　　家用除濕機一般採用冷媒熱泵系統，蒸發器進行冷卻除濕、冷凝器則進行再熱，為了使冷媒得以在高溫狀態下液化，壓縮機必須負責對冷媒增壓，因而會產生壓縮熱，室內溫度會越來越高。

　　化學除濕雖然可以增加除濕量、同時減緩溫度偏高問題，但並不是萬靈丹，如果讀者在賣場看到無壓縮機之家用除濕機，那就是化學除濕，不仿看一下除濕機背後的規格，並且與一般除濕機做比較，讀者會發現化學除濕在相同除濕量時，耗電量幾乎是一般熱泵除濕機的兩倍；由此可見，化學除濕不適合單獨存在，必須搭配冷卻除濕才能發揮最大的效益。

為什麼要設計帷幕玻璃建築？

台灣有很多建築仿造歐洲等寒帶國家採用帷幕玻璃，寒帶國家是為了冬天取暖用，可以大幅減少空調暖氣負荷、同時減少照明用電量，那我們是為了什麼？冬天又不是零下 10°C，帷幕玻璃是會大量增加夏季與春秋季之空調冷氣負荷的，只減少一點點之照明用電量，卻大量增加空調冷氣耗電量，建築物採用帷幕玻璃，到底有甚麼好處？

在台灣的帷幕玻璃建築物，即使採用優質的 Low E（低輻射）玻璃，還是會有 50%左右的太陽輻射熱進入室內，況且如果 Low E 玻璃不是斷熱玻璃（雙層真空玻璃才是斷熱玻璃），仍然會有持續進入室內之大量傳導熱，這也會大幅增加冷氣設備之耗電量的。

利用帷幕玻璃建築來採光，雖然可以減少一點照明用電量，但比起空調冷氣增加之耗電量根本微不足道！

帷幕玻璃建築會限制進氣與排氣百葉之開口面積，影響外氣自然冷卻之設置，使得冬天開冷氣成為常態，這種情況不解決，奢談節能減碳！

或許有人會說，冬天開窗戶就好了！如果是小面積建築、室外環境品質又不錯，那開窗僅僅是麻煩一點而已，但如果是大面積之建築，開窗後之內圍區與外圍區室內溫度，高低差異將會非常大，當冬天窗戶打開時，外圍區之環境溫度已經很低時，內圍區之環境溫度仍然偏高，況且室外之環境品質不一定良好，或許還必須靠窗戶玻璃來隔離噪音。

也許建築師與業主會覺得帷幕玻璃之建築比較美觀，但在無需利用帷幕玻璃來採暖之台灣，帷幕玻璃建築不但會大幅增加冷氣負荷，而且會限制外氣自然冷卻之設置，基於節能減碳之推展，必須加以改造。

　　上圖所示為新加坡某建築之帷幕玻璃設計方式，帷幕玻璃外側另外設置大面積遮陰百葉，來減少建築外殼之輻射熱，值得台灣建築設計之參考。

　　新加坡四季如夏，空調系統無需引用大量外氣來進行自然冷卻，帷幕玻璃僅需配合遮陰百葉之設計即可，台灣夏季太陽輻射熱非常大，同樣必須考量遮陰百葉之設計外，由於有相當比例之時間，氣溫會在 20°C 左右，設計帷幕玻璃時，建築外牆必須預留足夠之面積，來設置進氣與排氣百葉，否則會有冬天開冷氣之耗能現象。

冷氣上吹出風好不好？

　　台中大都會歌劇院在 2014 年 11 月開幕啟用，又是一個靠國外大師設計的台灣大型公共建築個案，筆者欽佩伊東豐雄的創意與才華，即使想做為自己的學習標竿，要達到目標也遙不可及；要獲得日本建築學院獎、威尼斯建築雙年展金獅獎、普利茲克獎，絕對是非常了不起，但這是建築的成就、不是空調，歌劇院採用上吹空調系統，絕對不適合亞熱帶氣候的台中，上吹空調系統是寒帶地區的產物，用在日本或歐洲非常好、用在台灣則不但很花錢、而且讓人覺得不舒服。

　　猶記得桃園國際機場一期航廈之出境大廳，每遇夏天都在檢討冷氣不冷的問題，因為桃園國際機場一期航廈的設計者，係仿照寒帶地區的經驗來完成航廈設計，冬天暖氣效果很好、夏天冷氣效果則很差，最後只好花錢將空調系統改成側吹出風。

　　暖氣的密度較低、空氣會自然上浮，採用上吹出風口有正面之效果，冷氣的密度較高、空氣會自然下墜，採用上吹出風口之效果很差，會讓冷空氣分布不均。

　　讀者試想：冬天暖氣直接吹向人是很舒服的、但夏天冷氣直接吹向人，絕對會讓人受不了！

　　採用上吹之冷氣系統，人體靠近冷氣出風口、會讓人不舒服，但人體如果遠離冷氣出風口，則讓人覺得太熱、也不舒服；台灣氣候普遍既濕且熱，冷氣有絕對需求，暖氣則沒有那麼重要，空調出風應採側吹或下吹，不應採用上吹出風方式。

筆者與台中大都會歌劇院空調承包商閒聊時，談到上吹出風的因應措施，承包商：上吹出風絕對有問題、但不能不做，因為台中大都會歌劇院是公共工程，必須在出風口完成驗收後，再用風門把它關掉；筆者：那冷氣怎麼辦？承包商：另外用增做的方式來解決，反正變通一下就好了。

這不是很浪費錢嗎？這對工程公司來說是沒辦法、也沒有錯！因為必須照設計規範來施作。

但空調設計單位怎麼沒有檢討？這是台灣一直存在的問題，設計以建築為首、空調設計費便宜就好！

如果對於像歌劇院之大空間建築，座位區設計上吹出風口，那必須廣布出風口、並大幅降低出風風速，每個座位都要設置出風口，如此雖然可以避免人體覺得不舒服，但會大幅增加造價，如果人員之活動力稍大，則會屁股冷、身體熱！

台灣的大型空調工程公司普遍具有空調設計創意，那空調承包商為什麼不提出改善計畫？讀者試想：如果提出改善計畫無法增加獲利、甚至會減少獲利，那承包商只會照圖施工來創造既定的毛利，至於浪費錢、那是業主，與承包商沒有關係！

如果提出改善計畫可以增加獲利，有創意設計之空調工程公司一定樂於承接，而且努力檢討原設計之缺失與優化空間，提出可以減少造價與降低能耗之創意。

對於公共工程來說，投標時提出會有減分風險，得標後又缺乏提出之理由；解決方式，唯有從設計端改善做起，或許設計制度必須大幅改造。

為什麼要裝天花擴散型出風口？

　　當天花板高度在 2.5m 左右時，冷氣出風口如果用線型風口或隔柵風口直接吹向人體，人員會因風速太高而不舒服，冷氣也無法均勻分布到所有空間，為了讓人員之表面風速能夠趨近於 0.25m/s，同時讓冷氣分布到所有空間，必須選用天花擴散型風口，利用導風片改變冷氣之出風角度，增加擴散範圍、同時降低人體之表面風速。

　　天花擴散型出風口有圓形、圓盤形與方形三種，可以依照裝修之需求適當選用，通常暗架天花板會選用圓形或圓盤形（如飯店、商場等營業場所），明架天花板則會選用方形（如辦公室）。

　　並不是所有冷氣場所都適合選用天花擴散型出風口，當天花板高度在 4m 以上時，如果選用天花擴散型出風口，冷氣其實無法下吹至人體表面，在 3m 以上之高度建立冷氣層，對空間之冷氣效果也會大打折扣，當回風口設置在天花板面時，由於冷氣之短循環，空間之實際冷氣效果會更差。

　　要判斷冷氣是否短循環，最簡單之方式是量測室內溫度與冷氣機回風溫度之差量，當室內與冷氣機回風之溫度差越大時，代表冷氣短循環越嚴重，必須檢討冷氣出風口之選用型式。

有些個案感覺冷氣不冷，並不知道是要檢討冷氣短循環問題，而採用增加冷氣之方式來解決，下圖之餐廳冷氣不冷個案，除了增設分離式冷氣機外，還增設了吊扇與水冷扇，解決方式真是超級誇張！

　　上圖餐廳個案之天花板高度在 7m 左右，中央冷氣系統採用天花擴散型出風口，冷氣自然到不了顧客之需求高度，餐廳冷氣當然不會冷，由於缺乏專業經驗之改善方式，多次改善的結果，筆者感覺室內環境仍然非常差，讀者可以逐步觀察其改善歷程：

1. 增設了商用分離式冷氣機（右上角），結果冷氣出風也是天花擴散型式，冷氣仍然到不了人員需求高度。

2. 由於冷氣仍然不冷，於是再增設吊扇，試圖將冷氣吹向下方，在室內面積很大、人員很多之餐廳，室內溫度還是偏高，改善效果仍然沒有到位。

3. 最後擺上水冷扇（顧客頭部高度）來試圖降低室內溫度，結果室內溫度雖然降低了，但相對濕度卻明顯提高，對於潛熱負荷很大之餐廳，反而造成人員因濕度太高而不舒服，尤其是水冷扇直接吹到頭部的地方。

　　針對上述之餐廳個案，除非中央空調冷氣之能力不足，否則根本不需要增設分離式冷氣機，更不需要增設吊扇與水冷扇。

　　對於天花板 7m 高之餐廳，最理想之出風口應該是左下圖之筒燈型出風口，如果天花板高度只有 5m 高，除了採用降低風速之筒燈型出風口外，也可以採用中下圖之隔柵出風口。

　　針對天花板高度達 7m 之個案，最佳之出風口設計並不是下吹型式，而應該採用側吹型式，可以在 3.5m 左右之高度裝設右上圖之噴流型出風口，除了可以減少冷氣負荷外，也可以依需要調整側吹之方向。

冷氣一定要回風口嗎？

　　對於壁掛式冷氣機，一定要有出風口與回風口，否則就無法構成冷氣之氣流循環，但對於吊掛隱蔽式之室內冷氣機（譬如 FCU 或分離式冷氣之室內機），一定要設置回風口嗎？

　　冷氣機有送風，也一定要有回風，對於密閉空間滿釘之暗架天花板，如果沒有設置回風口，那冷氣會送不進去室內空間。

　　利用空調箱來供應多室內空間之冷氣時，如果隔牆到頂（貼近樓板），所有室內空間不但要設置回風口，而且回風口要連結回風管，並且利用回風管銜接至空調箱，來構成送風與回風之冷氣循環。

　　如果是沒有釘滿的天花板，天花板內之空間自然就是回風路徑，那裡需要回風口？重點在於回風路徑之斷面夠不夠大？會不會造成回風不順、阻力偏大？

　　利用沒有釘滿的天花板空間當成回風口，如果怕視角會從回風路徑看到天花內部不雅觀之物件，可以施作層板來修飾，相較於冷氣回風口之設置，不但省錢、也比較美觀。

　　採用天花板內之空間回風，回風路徑之斷面風速應在 4m/s 以下，否則必須靠風管來減少回風之阻力，但當風管延伸至天花板面或壁面時，那自然必須設置回風口來銜接風管。

　　明架天花板之辦公室，傳統方式慣用回風花板來替代礦纖板，做為室內冷氣機之回風與檢修用，有些使用

者會覺得回風花板很醜，而改用比較美觀、但價格很高之鋁格柵回風口，其實在天花板裝修時與牆面收邊之位置，留些空間也可做為回風路徑，在美觀上一定比回風花板、甚至於鋁格柵回風口來得漂亮，至於設備之檢修需求，可以移動的每一片礦纖板，都可以做為檢修口。

典型的飯店客房，浴廁設置在入口通道側邊，床鋪主空間天花板會盡可能提高，室內冷氣機則設置在通道天花板內，冷氣採側吹方式吹向床鋪等主空間，有些設計者會將飯店客房室內冷氣機回風口設置在出風口旁，設計大尺寸之線條型風口，冷氣出風口用剩之風口面積就作為冷氣機之回風用，這種設計看起來好像沒問題，但仔細檢討還是會有很大的改善空間。

如果客房建築高度有限，通道與床鋪空間之天花高低差不大，風口尺寸會受到高度限制，設置出風口之面積都已經很勉強，那回風口面積不夠大怎麼辦？這將會造成風壓降增加，使得室內冷氣機之風量減少、噪音提高！如果是較大之浴廁、通道較長，長通道之通風怎麼辦？滯留空氣的溫度是會偏高的。

進一步檢討，客房一定要設置冷氣回風口嗎？其實客房通道之天花板不要完全釘滿，只要留有足夠之回風路徑，那裡需要設置冷氣回風口！

如果在鄰接房門入口之客房通道天花板不要釘滿，預留足夠之回風路徑，提供客房冷氣機之回風需求，除了可以解決客房通道之通風問題外，而且風口之尺寸縮小、也可以降低風口之造價，讀者是不是覺得這樣才是正確的設計方式！

冷氣一定要出風口嗎？

　　參觀空調業界周董的林口別館，看不到任何冷氣出風口，筆者問室內裝修設計師為何這樣設計？室內裝修設計師：周董指定要這樣做的。

　　周董是空調技術出身，筆者相信周董林口別館之冷氣絕對沒問題，但仍然不認同這樣的設計，至少筆者家裡就不是這樣設計。

　　筆者在檢討空調冷氣系統時，如果發現出風口用裝修隱藏起來，都會提到：為什麼要裝出風口？讀者試想：風口是要花錢裝的，而且產製風口會耗用能源，無論是基於造價或節能減碳，其實都應該免設出風口。

　　問題來了！出風口用裝修隱藏起來有甚麼好處？設計師會說：好看嘛！的確，漂亮裝潢通常比出風口好看，但氣流分布呢？直接吹向天花板、用密度較高之冷氣自然下墜來達到冷氣分布效果？那氣流有沒有布滿整個天花板？如果沒有，冷氣死角怎麼辦？

　　設計師或許會想用回風口來補償冷氣死角，那回風口要裝在那裡？難道要裝在冷氣死角的地板？那銜接回風口的回風管怎麼布置？如果裝在天花板，是不是會造成冷氣短循環？一連串的問題真會讓人無所適從。

　　當然，只要冷氣機裝大一點、室內溫度設定低一點，冷氣絕對不會不冷，況且處於無風的冷氣環境是比較舒服的；只是冷氣機裝大一點會增加造價、室內溫度設定低一點會增加耗電量，如果不去管這兩個代價，自然可以說是創新、良好的空調系統。

往好的方向去想，冷卻樑板空調系統不就是以此種觀念來設計，不用冷卻樑板、而改用冷風來分布，還可以降低造價呢！後來經由周董的說明：長 X 建設很多豪宅都這樣設計，冷氣直接吹向天花板，利用室內建築裝修之設計來免設出風口。

冷氣直接吹向天花板，這到底是對或錯、優或劣？讀者從不同角度去看，其實會有不同的結論。

適當的空調冷氣分布，使人體表面風速持續維持在 0.13~0.8m/s，可以兼顧舒適與節能，是一般空調冷氣設計的經驗法則。

人體冷熱的感覺取決於體感溫度，體感溫度因活動程度、著衣量與等效溫度而變，等效溫度則取決於環境溫度、相對濕度與人體之表面風速。

活動程度越大、代表發熱量越大，需要有較高的風速來散熱，否則必須搭配較低之溫度或濕度來避免散熱不足，大部分使用者會直接調低室內設定溫度。

當夏季穿著襯衫，靜態在 25°C 的室內無風環境，剛好能夠滿足散熱需求時，如果人員處於動態、發熱量增加，人體會因散熱不足而覺得熱，必須降低室內溫度為 24°C、甚至 23°C 來調節人體之散熱量，如果人體之表面風速能維持在 0.13~0.8m/s，也許 25°C、甚至 26°C 的環境就能滿足散熱需求了。

冷氣直接吹向天花板，是要讓冷氣經由人體表面之風速不高於 0.8m/s、避免不舒服，至於冷氣經由人體表面之風速有可能低於 0.13m/s、而增加耗能，並不是每個人都會在意的，豪宅的主人或許就不在意。

該選用冰水機、還是 VRV 分離式冷氣機？

當夏季外氣溫度高達 35°CDB/28°CWB 時，冷卻水塔可以提供 31°C 之冷卻水，水冷式冰水機之冷凝溫度大約在 33~35°C，如果選用氣冷分離式冷氣機，在高達 35°CDB 之外氣溫度時，冷凝溫度往往高達 50°C、甚至更高，氣冷分離式冷氣機之冷凝溫度，會比水冷式冰水機高 15°C 以上，雖然冰水機之冰水器必須有 2°C 左右之趨近溫度，水冷式冰水機之實際耗電量，仍然應該比氣冷分離式冷氣機低很多才對！

那為什麼有些小型水冷式冰水機個案，改用多聯 VRV 分離式冷氣機後，真的比較省電！難道 VRV 分離式冷氣機有什麼節能神通！

其實小型水冷式冰水機很耗電，是因為只有一台冰水機，沒有設計大、小冰水機並聯，造成春秋季節低載工況時，冰水機與附屬設備起停頻繁所致。

事實上，製冷容量越大之冰水機，壓縮機之機械效率越高，冰水機之效率會因而提高，但較大製冷容量之分離式冷氣機，通常會設置較小之冷凝器來解決設備尺寸偏大問題，結果冷氣機效率會因冷凝器趨近溫度增加而降低。

由於冰水機之效率隨製冷容量之增加而提高，而且必須大、小冰水機並聯，來應付低負載之需求，因此比較適合大型空調冷氣系統；反觀分離式冷氣機，對於較大製冷容量之機型，其效率經常隨製冷容量之增加而降低，因此必較適合小型空調冷氣系統。

大型水冷式冰水機之空調冰水系統，其耗電量應該會比多聯 VRV 分離式冷氣機低很多，但實務上仍然必須掌握下列兩個要領：

1. 冰水機之製冷容量選用，除了考量尖峰冷氣負荷外，必須同時考量部分冷氣負荷之操作需求，除非冷氣負荷一直維持在 50%以上，否則冰水機之製冷容量必須有大、小配之設計（譬如 200RT 之冰水機搭配 100RT 冰水機），否則冷氣負荷降低時，冰水機會起停頻繁，如果水泵之耗電量無法隨冷氣負載之降低而同步減少，冰水主機場之耗電量是會大幅偏高的。

2. 必須避免負載側之冰水溫差偏小，否則冰水機無法運轉在滿載工況，造成必須開啟較多台之冰水機，才能滿足負載側之冰水流量需求。

　　由於傳統 PAH+FCU 之空調系統，FCU 通常採用 on/off 冰水控制閥，當冰水控制閥開啟時，容易造成冰水過流量，冰水溫差會隨冷氣負荷之降低而減少，使得冰水機無法操作在滿載工況，冰水機與附屬設備之耗電量會因而提高。

　　為了降低冰水機與附屬設備之耗電量，在空調冰水系統設計時，應大幅提高 AHU 與 FCU 之冰水溫差設計，並將 FCU 群組化，每個 FCU 群組均設置比例式冰水控制閥，讓冰水流量得以隨冷氣負荷降低而減少。

　　冰水機採用大、小配之設計，是一般空調冰水系統之基本原則，但如果尖峰冷氣負荷僅 100RT，冰水機如何設計大小配？65RT + 35RT？這已經失去空調冰水系統之經濟規模，也許選用分離式冷氣機會比較合適。

是否該選用變頻 FCU？

　　2010 年代有很多空調製造廠積極推銷變頻 FCU，業界也在熱烈談論這個議題，也有人說：「直流馬達那來的變頻？」

　　筆者不是在檢討外轉子直流無刷馬達是變電壓？還是變頻？外轉子直流無刷馬達比交流變頻馬達來得節能，業界以變頻當成變轉速的代名詞，這很容易聽得懂，何必太計較名詞！至於變轉速 FCU 之空調產品是不是真的節能？那就必須慎重檢討、不能便宜行事了！

　　當業界熱烈談論外轉子直流無刷馬達之 FCU 時，X 新空調郭董詢問筆者：該不該製造外轉子直流無刷馬達之 FCU？

筆者：有免費廣告的空調新產品，利潤會比較高，為什麼不做？

郭董對開發節能產品相當積極，於是問：外轉子直流無刷馬達之 FCU 不是可以節能嗎？

筆者：那要看以那個角度來檢討？是 FCU 之風車馬達？還是包括空調冰水系統？

　　外轉子直流 FCU 節能與否？不應只檢討風車馬達耗電量之差異，而應考量整體空調系統之耗能，況且對空調系統的耗能來說，FCU 之風車馬達耗能比例其實並不高、冰水主機場的耗能才是主軸。

　　後來 X 新空調生產了外轉子直流無刷馬達之 FCU，並詢問筆者：風車轉速如何控制？

筆者：手動調節就好了？

郭董：不是可以用室內溫度來控制嗎？

筆者：那冰水系統怎麼辦？難道 FCU 之冰水一直維持在設計流量嗎？

　　傳統 FCU 已經造成中央空調系統之冰水溫差普遍嚴重偏小，致使冰水機無法運轉在滿載工況，必須開啟較多台數之冰水機，冰水主機場之效率因而大幅下降；如果外轉子直流無刷馬達之 FCU 讓冰水一直維持在設計流量，那會讓空調冰水系統之冰水溫差更小、冰水主機場之效率更低。

　　如果外轉子直流無刷馬達之 FCU 依空調冷氣負荷大小來自動調整冷氣之風量，那就構成 VAV（變風量）空調冷氣系統，必須選用適合 VAV 之出風口（出風口之出風方向必須吹向天花板），來減緩風量減少時對空氣分布之影響。

　　冷風吹向天花板會造成天花板產生氣流痕跡、影響觀瞻，一般 VAV 空調系統是由空調箱送出冷風，為了避免天花板產生氣流痕跡，空調箱會裝設有 MERV13 之空氣過濾網（如 90%塵點效率之袋式過濾網），同時用來降低 PM2.5 之懸浮細微粒，藉以減輕人體之肺部負擔，這對 FCU 來說是不可能的任務！

　　如果 FCU 採用側吹出風口，冷風射程會因風量之減少而縮短，當空調冷氣負荷下降時，遠端空間之等效溫度則因無風而提高，室內設定溫度勢必降低，結果近端空間之人員會因溫度過低而穿夾克，讀者試想：省了一點點 FCU 風車馬達之耗電量，卻增加冰水機場之耗電量，對整體空調系統來說，有比較節能嗎？

如何提高冰水機之性價比？

筆者曾經針對某飯店冰水系統之改善案，利用高效率冰水機來解決冰水機之製冷容量不足問題，處理方式值得讀者參考。

該個案設置有儲冰空調設備、並搭配 150RT 冰水機來供應夜間客房之冷氣需求，當夏季氣溫非常高時，150RT 之冰水機雖然已經操作在滿載工況，仍然無法滿足夜間客房之冷氣需求，必須利用儲冰空調系統之滷水機，來補償冰水機製冷容量之不足，結果造成儲冰槽無法正常製冰。

夏季夜間客房之冷氣負荷，經估算後約 220RT，常態解決方案有二：一是增加 70RT 冰水機、另一個方案則是將 150RT 冰水機更新為 220RT。

由於該案之建築物無空間裕度，來增設 70RT 冰水機與附屬水泵，因此只能將原有 150RT 之冰水機更新為 220RT。

按常態之規劃設計，應該更新冰水機與附屬設備（包括冷卻水泵與冰水泵），也必須檢討冷卻水塔之冷卻能力是否足夠，而且必須同步更新冰水機、冷卻水泵與冰水泵之配電系統。

筆者採高性價比方向來檢討，以冰水主機場配電系統之更新費用來提高冰水機效率，要求冰水機製造廠加大冰水機冷凝器與冰水器之熱傳面積，使新設 220RT 冰水機之耗電量與既有 150RT 冰水機相近，並配合冰水機之冰水溫差與冷卻水溫差適度提高，得以免除配電

系統之更新，在相同改善費用之背景下，可以藉由冰水機之效率提升而大幅降低耗電量。

　　改善工程完工後，客房溫度偏高問題解決了，大部分執行者或許會認為任務已經結束，但筆者卻認為這僅是節能工作檢討的開始。

　　讀者或許會認為冷卻水塔風車馬達與冷卻水泵傳動馬達之耗電量不大，應該不到冰水主機場耗電權重的20%；事實上，冰水機之散熱設備（冷卻水泵與冷卻水塔風車馬達）耗電權重不到 20%，係指夏季一般冰水機滿載運轉之設計條件，實際操作條件之散熱設備耗電權重往往會超乎想像。

　　筆者要求該飯店之維護單位監測冰水機、冷卻水塔與冷卻水泵之運轉電流，經統計後發現冰水機散熱設備之耗電權重竟然普遍高達 30%、甚至超過 50%！

　　冰水機散熱設備之耗電權重高達 30%，係因為冰水機之效率提高了，超過 50%則是因為冰水機操作在低載工況。

　　讀者試想：冰水機之散熱設備耗電量竟然比冰水機還高，那豈不是很離譜！沒錯，那是為什麼冰水機不能只設置一台，必須有大、小冰水機配置來應付負載變動之原因，當只有設置一台冰水機時，必須試圖讓冷卻水泵、冷卻水塔風車馬達與冰水泵能隨冰水機之負載減少而降低操作頻率。

如何正確選用冷卻水塔？

　　有一次筆者參與敦南科技之能源查核，敦南科技廠務處長簡報：本廠有請 X 恩針對冰水主機場進行節能改善，並獲相當大之節能成效。

筆者：X 恩有相當優秀的節能團隊，節能減碳之績效斐然是可預期的。

當進行實地勘查時，筆者發現冷卻水塔之趨近溫度高達 7°C，於是質疑：X 恩之節能團隊該打屁股，7°C 的冷卻水塔趨近溫度，未免高了離譜！

廠務處長解釋：現在空調負荷是低載狀態，滿載時之冷卻水塔趨近溫度才 5°C。

筆者：滿載 5°C 也高得離譜，而且低載時之趨近溫度應小於滿載才正常。

　　敦南科技採用之冷卻水塔是某大廠製造的直交流式冷卻水塔，但低水量之散水性能並沒有製造出直交流式冷卻水塔應有之性能，X 恩之節能團隊不察，竟然套用冷卻水泵變頻之節能措施，結果造成冷卻水塔散水不均、趨近溫度大幅提高，雖然節省了冷卻水泵與冷卻水塔風車馬達之耗電量，卻大幅增加了冰水機之耗電量，節能措施反而成為耗能之原因。

　　冷卻水塔是單位造價對耗能影響最大的設備，基於務實之節能減碳，應檢討對冰水機耗電量之影響，而不是斤斤計較冷卻水塔本身的耗電量。

　　筆者在 1980 年開始空調設計生涯，每遇良 X 冷卻水塔就質疑冷卻水塔之低水量散水性能應改善，有一次

冷凍空調技師公會到良 X 桃園工廠參觀，餐會時由良 X 進行免風車冷卻水塔之新產品簡報，筆者則詢問各型冷卻水塔可接受之最低水量？期能做冰水機之冷卻水系統設計參考。

由於簡報者沒正面回應，筆者再次追問，弄得氣氛有點僵，旁座技師於是低聲說道：我們來參觀工廠，有美味餐點吃、有紀念品拿，幹嘛把氣氛弄得那麼僵！

筆者絕對不是多事，因為經常看到多台冷卻水塔並聯之系統，每部冷卻水塔都裝了電動閥，配合冰水機停止運轉時關閉，心裡總是質疑：可以享用比較多的冷卻散熱面積，幹嘛把它關掉？

筆者甚至看過 7,000RT 的大型商場，空調設計技師規定 5 台冷卻水塔搭配 3 台 2,000RT 冰水機與 2 台 500RT 冰水機，冷卻水管竟然採一對一配置，管道間必須配置 10 支冷卻水管，這種設計怎麼可以成為常態！

低水量散水性能良好之冷卻水塔，並聯之冷卻水塔無需裝設電動閥、更不需要設計一對一配管，而且可以在冰水機運轉台數減少時，大幅增加散熱面積，使 3°C 之冷卻水塔趨近溫度減少為 2°C、甚至 1°C，空調冷氣負荷降低時，冰水機之效率可以因冷凝溫度降低而顯著提高。

2005 年半導體不景氣時，幾乎所有的電子廠皆停擺，廠務之主要工作是如何封廠？當筆者到 X 宏電子進行能源查核時，諾大晶圓廠僅開啟一部冰水機，來供應正壓需求之外氣空調箱所需冰水，大部分冷卻水塔之風車馬達皆停止運轉，相對應冷卻水塔之冷卻水供回水管

則以手動蝶閥關閉，筆者詢問廠務：有沒有考慮將冷卻水塔之手動蝶閥改成電動蝶閥？

廠務：原設計就是電動蝶閥，由於裝在屋頂、風吹日曬雨打，才用兩年就壞掉了，我發現僅冬季很冷時才需關閉部分冷卻水塔，兩年來才作動四次，我覺得用手動關比較划得來！

這是耐人尋味的問題？這麼多空調設計者在冷卻水塔供回水管設計電動閥，有沒有去檢討電動閥的使用壽命？可不可以免設電動閥？

筆者甚至經常看到僅在冷卻水塔回水管設計電動閥，當冷卻水塔回水管之電動閥關閉時，冷卻水塔因供水管沒關而持續供水，造成水位偏低、補給水持續補給，多出來的補給水則由運轉中之冷卻水塔溢流，水資源不知不覺中浪費掉了！

對於多台冰水機並聯之冷卻水系統，冷卻水塔供回水管如果能免設電動閥，不但可以減少電動閥之設置與維護成本，當冰水機運轉台數減少時，每部冰水機也能享用較大之冷卻水塔散熱面積，對冰水機效率之提升有顯著助益。

高雄福 X 飯店新建時，在筆者明確的要求下，施工廠商改用良 X 新開發之 LUC 冷卻水塔，低水量散水性能明顯比傳統 LRC 冷卻水塔好很多，這絕對是很有價值之選項。

高雄福 X 設置有 300RT 冰水機兩台、100RT 雙效熱泵一台，由於飯店平日鮮有客滿之情形，因此絕大部分時間僅開啟 100RT 雙效熱泵之冰水機模式即可滿足

飯店之空調冷氣需求，由於空調系統新建時，筆者將良
XLRC 冷卻水塔改成 LUC 冷卻水塔，並取消冷卻水塔供
回水管電動閥來平衡預算，實際僅運轉 100RT 熱泵之
冰水機模式時，僅七分之一之冷卻水流經所有冷卻水塔，
LUC 冷卻水塔不但沒有散水不均情形、還可以得到較佳
之散熱效果。

當三台以上之冰水機並聯，或冷卻水泵設置變頻器
來減少冰水機部分負載時之冷卻水泵耗電量時，冷卻水
塔都應選用直交流式，而不應該選用逆流式，儘管逆流
式冷卻水塔之熱交換效能較好，可以減少體積、降低造
價，但基於部分負載之低水量散水性能需求，唯有選用
直交流式冷卻水塔，才能真正達到節能減碳之目標。

然而不是所有的直交流式冷卻水塔之低水量散水
性能都很好，良 XLRC 冷卻水塔就要檢討，X 日冷卻水
塔也要檢討，也不是進口冷卻水塔就比較好，良 XLUC
冷卻水塔雖然已大幅改善，但仍然不夠、仍需再改良，
尤其把冷卻水塔做為自然冷卻設備時，低水量散水性能
將更重要、也需要做的更好。

如何設計發電機之通風設備？

　　筆者在 1980 年底進入職場從事空調工程之設計，1981 年接手台北市動物園之設計，當時教育中心之工程已經接近竣工階段，在工地看到大型發電機按裝在地下一樓，發電機之散熱設備由停車場引風、再將散熱後之熱風吹向停車場，於是提出疑問：停車場之空氣蓄熱量有限，這樣發電機可以運轉幾分鐘？

　　資深的現場人員覺得年輕人的質疑有道理，於是將發電機之散熱設備移到室外，心想這樣改善應該不會有問題了吧！

　　筆者再到現場時，又提出問題：發電機之發電效率如果有 20%，那還有 80%的無效熱量要排除，由散熱設備與排煙排除之熱量外，發電機還有可觀之輻射熱，也會造成發電機房的溫度驟升！如果直接將發電機之輻射熱量排至停車場，停車場也會迅速蓄積熱量，溫度將會非常高的！

　　還好地下一樓是陽光樓、有氣窗，承包商於是在發電機房設置排氣風車，並將地下一樓之氣窗改成進、排氣百葉，來進行發電機房之通風。

　　筆者僅僅一年之工作經驗，卻有機會導正發電機之散熱通風，說明工程技術雖然需要靠經驗，但正確觀念與態度更重要。

　　1988 年信義計畫區國貿大樓新建時，正逢台灣工商業蓬勃發展，電源開發速度趕不上需求，電力供應不足、經常限電，國貿大樓號稱限電時仍能照常營業，因

此在地下四樓設置兩台大型發電機，當時由 X 興顧問設計、X 興電工承包，並將水電分包給常富工程、空調則分包給開利工程。

國貿大樓建築完成，安裝好發電機時，筆者發現開利工程正將氣冷散熱之發電機改成水冷散熱，並在發電機房增設兩部空調箱，負責移除發電機之輻射熱。

X 興顧問在設計國際貿易大樓時，很明顯並未正確考慮發電機之散熱需求，沒有設計發電機之進、排氣管道，以為可以利用停車場之空間來散熱，這和 1981 年完成的動物園教育中心一樣；事實上，有很多發電機之通風都犯相同錯誤，試圖利用停車場來散熱，結果造成發電機無法持續運轉，運轉半小時、甚至 15 分鐘就跳機，成為名符其實的緊急發電機！

筆者估算開利工程在發電機房增設的兩部空調箱，當台電停止供電、發電機進行發電供應冰水機之需求電力時，冰水機有 16% 之冷源是用來供應發電機房的兩部空調箱，這對於發電機之效益降低，是相當誇張的！

很多發電機房之通風設計，採用 $q=1.08 \times Q \times \Delta T$ 的方程式來估算風量，殊不知 1.08 之係數來自於標準空氣，空氣比容為 $0.83 m^3/kg$，發電機夏季之通風設計條件，進、排氣溫度分別為 $35^\circ C$、$50^\circ C$，進氣比容為 $0.90 m^3/kg$、排氣比容則為 $0.95 m^3/kg$，以 $0.83 m^3/kg$ 之空氣比容來估算通風量，進氣風量會短估 8%、排氣風量則會短估 14%，如果夏季發電機操作在滿載狀態下時，發電機會有散熱不良之虞！

如何設計高性價比儲冰空調設備？

中央空調用之冰水機要怎麼設置？兩大、兩小冰水機？還是兩大、一小冰水機？小冰水機容量要多小？以春秋季節之空調冷氣負荷來設置小冰水機容量？那營運淡季或晚上空調冷氣負荷更低時該怎麼辦？

如果缺少適合低空調負荷運轉之小容量冰水機，勢必要開啟大容量冰水機操作在低載工況，冰水機會因起停頻繁而大幅增加耗電量，冰水泵、冷卻水泵與冷卻水塔風車馬達等附屬設備之耗電權重也會大幅增加。

實務上，如果無法設置適當之小容量冰水機，改以儲冰空調設備來滿足低空調冷氣負荷之需求，則可避免大容量冰水機因起停頻繁而大幅增加耗電量。

如果儲冰空調冰水系統之儲冰設備容量，僅做為避免冰水機運轉在低載工況，儲冰空調設備之設置成本將大幅降低，儲冰槽之使用率也會大幅提高，夏季主要用來平移尖峰電力、春秋季則用來提高空調冰水系統之效率，對整體空調耗電量來說，有可能真的會降低，是效益非常高之空調冰水系統設計。

譬如空調尖峰冷氣負荷達 1000RT 之個案，空調儲冰用來搭配 800RT 之冰水機，可以設計儲冰空調設備與兩台 400RT 冰水機，儲冰空調設備用來替代 200RT 之小冰水機；當然，如果要省比較多之空調冷氣電費，適當增加儲冰空調設備之權重是必要的，因此可以設計較大之儲冰空調設備，來搭配兩台 250RT 之冰水機，藉以平移較多之尖峰電力。

儲冰空調系統一定要控制閥嗎？

麗 X 購物街三期儲冰空調設備試車時，儲冰槽廠商驚訝提出：滷水機操作在製冰模式這麼久，熱交換器都不怕結冰，沒有裝設控制閥，老師怎麼做到的！
筆者：我讓滷水短路，所以製冰模式之-5°C 滷水不會流經熱交換器。

2020 年初，筆者第二本書「高性價比空調系統設計」出版了，基於禮貌將書送給 XX 大學某知名教授，並聊到 2018 年底出版的「高性價比儲冷空調設計」。
筆者：T 字型共通管真的很好用，不須裝設控制閥，儲冰系統就可以操作在各種模式，而且當操作在製冰模式時，熱交換器之冰水側不用怕結冰。
教授：儲冰系統之熱交換器滷水側，一定要裝控制閥來阻斷低溫滷水，否則熱交換器一定會結冰。

感覺很難跟該知名教授談技術，不僅僅是文人相輕而已，而是被捧的高高在上的人，往往聽不進任何建言。
筆者心想：企圖倒好水給「水已經滿杯的人」，即使是再好的水也無用武之地、仍然不會被接受，只是徒勞而已。

當筆者和該知名教授相聚時，都會盡量不要談到技術問題，但這個真的很難，因為大家都是從事技職教育的工作。

1989 年，筆者發明了 T 字型共通管的儲冰系統，應用在台北市鄭州路地下街之儲冰空調系統，當時台北市政府的監造就給予非常高的評價：儲冰系統不須裝設任何控制閥，就可以順利操作在各種模式，甚至操作錯誤也沒有關係！

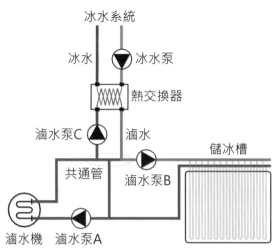

冰水系統

冰水　冰水泵

熱交換器

滷水泵C　滷水

儲冰槽

共通管　滷水泵B

滷水機　滷水泵A

　　上圖所示為 T 字型共通管之儲冰系統，滷水機、儲
冰槽與熱交換器分別設置滷水泵，當儲冰系統操作在製
冰模式時，-5°C 滷水流經 T 字型共通管，對於熱交換
器之水路來說等同短路，不會有低溫滷水流經熱交換器，
因此不用擔心熱交換器之冰水側會結冰。

　　滷水泵 A、滷水泵 B 與滷水泵 C 採等流量設計，在
任何操作模式下之流量可以維持恆定，各種操作模式分
別說明如下：

製冰模式：開啟滷水泵 A、滷水機與滷水泵 B

溶冰模式：開啟滷水泵 B 與滷水泵 C

溶冰+滷水機再冷模式：除了開啟滷水泵 B 與滷水泵 C
外，同時開啟滷水泵 A 與滷水機，可以等滷水流量下增
加冷源供應量。

空調模式：開啟滷水泵 A、滷水機與滷水泵 C

　　有些設計者會用控制閥來圍堵儲冰水路，藉以達到
各種操作模式需求，往往讓儲冰系統變得很複雜，筆者
慣於用疏濬來代替圍堵，T 字型共通管就是典型例子。

為什麼要放流那麼多冷水才有熱水？

　　水庫存水量低於警戒水位的乾旱冬季，在公共廁所看到節約能源的標語：「節約從一滴水開始。」心理感受很深，但回到家裡沖熱水澡時，打開蓮蓬頭卻不得不將水溫偏低之自來水放流，實在覺得很不捨！

　　冬天沖熱水澡，好不容易等到水溫提高，沖濕身體、抹完肥皂，準備開始進行沖洗時，水溫又偏低了！為了避免感冒，還是得將冷水放流！

　　大部分使用者普遍把冬天沖澡時之冷水放流視為常態、沒有要求改善，這是非常糟糕之現象！

　　冬天開啟水龍頭啟用熱水時，需要放流很多冷水才能享用熱水，其實是水龍頭離熱水器之管路太長、加上管路保溫沒有到位所造成。

　　住宅空間的建築設計時，所有需要熱水之水龍頭，應該盡量靠近熱水器，來縮短熱水供應時間、降低熱損失，並減少冷水放流之水資源浪費，在冬天盥洗沖澡時，也可以避免因等待時間過長而感冒。

　　為什麼冬天的水溫會那麼快就降低？天氣冷是自然因素，但熱水管採用 3mm 保溫披覆、保溫沒到位則必須檢討，應該採用 20mm 保溫才合理，而且熱水器與水龍頭之管路長度也應盡可能縮短。

　　如果熱水器與水龍頭之距離很遠已成事實，那應該將熱水管路改成循環加熱式，或採用終端補償加熱之裝置，來縮短使用熱水之等待時間，同時減少冷水放流之水資源浪費。

熱水怎麼又冷了？

台灣雖然是多雨，但仍然有可能面臨缺水，尤其是溫室效應帶來的極端氣候，台灣有時候也會很久都沒下雨，每當乾旱冬季開始限水時，筆者經常在想：住家盥洗用水是不是浪費太多了！

如果在冬天洗澡時，蓮蓬頭出來的不是熱水、而是很冷的冰水，讀者是用水桶接水，然後拿去洗米、澆花、沖馬桶，還是往身上招呼，我想絕大部分的台灣人都是直接放流，因為我們的自來水很便宜。

台灣大部分的住宅，當冬天盥洗沖澡時，水龍頭或蓮蓬頭必須放流很多冷水，才有熱水可用，也許沖濕身體、抹完肥皂後，蓮蓬頭出來的熱水又變冷了，那怎麼辦？繼續往身上招呼？還是放流？

1987年筆者購買木柵的房子時，當時是買預售屋，合約之熱水管採用裸不銹鋼管（當時還沒有保溫披覆之不銹鋼管，有些建案甚至採用裸鍍鋅鋼管），筆者要求建設公司「不銹鋼熱水管之表面必須增加保溫管」，建設公司之水電包商回復：「沒有人這樣做。」

筆者於是要求告知熱水管之配管完成與樓板灌漿時程，記得當時配管與樓板灌漿是在同一天完成，筆者當天帶著保溫管親自施作。

新居落成、邀請親朋好友到新居時，適逢聖誕節、天氣非常冷，友人驚訝：你家竟然像飯店，水龍頭打開就有熱水！事實上是剛好有人用過熱水，熱水管路的保溫很好，所以管路中的熱水沒有冷掉、還是熱的。

錯誤的熱水專用管→保溫披覆管

台灣熱水管保溫普遍採用熱水專用管,相較於裸不鏽鋼管,熱水溫降自然會小很多,但熱水專用管的保溫厚度僅 3mm 左右(後來有廠商生產 6mm 之保溫披覆管),保溫披覆管根本不符合熱水管路之節能需求,而且會造成明顯的熱水溫降。

木柵居家進住近三十年了,由於功能上需求改變、加上建材老舊,於是進行重新裝修,心中盤算要將熱水配管系統改成雙管循環式,那就真的可以像飯店那樣,水龍頭一打開就會有熱水了!

檢視熱水器與所有需要熱水之水龍頭與蓮蓬頭配管距離,最後選擇採用傳統單向配管、僅在所有不鏽鋼管表面增加 20mm 之保溫管,完工後實際使用熱水時,感覺上與五星級飯店差不多,熱水之等待時間很短,十幾秒鐘用冷水洗完臉就有熱水可以沖澡了。

其實談節能減碳,營建署應該規定熱水管之保溫厚度不得小於 20mm,而且一定面積以上之建築物(包括住宅),熱水配管系統一律改成雙管循環式,才能有效避免能源與水資源之浪費。

筆者 2009 年起任職麗 X 建設機電顧問,檢視營運中之福 X 飯店(麗 X 建設關係企業)熱水管路系統時,發現盥洗熱水管路之表面溫度是溫熱的,於是提出保溫改善計畫。

麗 X 工務回復:顧問(指筆者),我們用的是熱水專用管、而且都符合 CNS 認證的。

CNS 認證的熱水專用管，其實就是一般保溫披覆之不銹鋼管，保溫厚度僅 3mm 左右，勉強僅適用埋設在混泥土牆壁之管路，而且必須盡可能增加保溫披覆之厚度（如 6mm 保溫披覆之不銹鋼管），3mm 保溫批覆之不銹鋼管則僅適合用在自來水冷水配管，來避免氣候驟變、管路周邊之環境濕度大幅提高時，冷水管路表面因結露而產生滴水之現象。

　　進一步說明，當 $1m^3$ 的熱水溫降 $1°C$ 時，會增加 NT\$2.0 的天然氣費用，也就是當 $10m^3$ 的熱水溫降 $10°C$ 時，將增加 NT\$200 的天然氣費用，每天增加 NT\$200，一個月則將增加 NT\$6000，或許很多人沒有注意會增加那麼多的天然氣費用，但如果因熱水管路之溫降而造成熱水溫度偏低，那就一定會被檢討。

　　對於大型熱水管路系統，合理的熱水管之幹管保溫厚度應在 25~40mm 左右，當熱水支管較長時，其保溫厚度也應一併檢討。

　　如果採用熱泵來節省熱水系統之能源費用時，當熱水管路之溫降越大，則必須提供越高溫的熱水來補償溫降，熱水供水溫度越高時，熱泵之效率也將越差，當熱水供水溫度超過 $55°C$ 時，一般 134a 冷媒之熱泵有可能將無法正常運轉，即使仍然可以運轉，熱泵之效率也會很差，並無法真正節省能源費用。

　　基於節能減碳與飯店熱水系統能源費用之降低，麗 X 建設總經理於是下令：「除熱水預埋管沿用 CNS 熱水專用管外，所有露明熱水管全部依顧問要求之熱水管保溫厚度施作。」

馬桶水面為什麼晃得那麼厲害？

高層建築之排水管，高樓層會因低樓層排水之活塞效應而抽真空、造成負壓，為了避免馬桶或落水頭之水封被抽乾，必須建置透氣管來破空；由於排水幹管會因水壓降而壓力上升，也必須建置透氣管來釋壓，避免低樓層之馬桶或落水頭溢水。

如果馬桶之水封被抽乾，化糞池或衛生下水道之沼氣會經由糞管、再由失去水封之馬桶滲入室內，如果地板落水頭與洗臉盆等雜排水管銜接至糞管，地板落水頭與洗臉盆同樣會有沼氣滲入室內，也會有蟑螂等昆蟲爬入室內。

如果排水幹管之壓力太高，會造成馬桶溢水、甚至噴水，地板之落水頭也會冒水，這是非常糟糕之現象，因為馬桶所溢出或噴出之糞水，非常不衛生、甚至會有傳染病菌。

高樓層透氣管之管徑偏小時，馬桶之水面會晃動，甚至失去水封，造成沼氣滲入室內；低樓層透氣管之管徑偏小時，馬桶水面也會晃動，甚至噴出糞水。

足夠管徑之透氣管，將占用很大之管道空間，而且必須避免透氣管之出口汙染環境，設置在屋頂平台是假設屋頂沒有人活動，當冠狀病毒之傳染病流行時，將造成很大之交叉感染風險。

在高層建築裝設吸氣閥與正壓調節器，用來替代透氣管，可以避免水封失效與馬桶噴出糞水，也可以避免排水系統之汙染物溢出（如冠狀病毒）。

封閉　　正壓　　封閉　　　吸氣　負壓　吸氣

　　吸氣閥可以用來替代高樓層之透氣管，避免排水因活塞效應而呈現真空狀態，來確保馬桶與落水頭之水封完整，當排水管呈正壓狀態時，利用正壓來封閉吸氣閥（如左圖所示），避免排水系統之汙染氣體溢出；當排水管呈負壓狀態時，開啟吸氣閥來破空(如右圖所示)，避免排水系統之負壓破壞馬桶或落水頭之水封。

　　正壓調節器其實是微壓力之膨脹水箱，用來替代低樓層之透氣管，避免馬桶因排水管壓力過高而溢水或噴水，也可以用來避免地板落水頭冒水。

　　理論上排水幹管之尺寸夠大、排水順暢時，可以免設正壓調節器（或透氣管），事實上排水管一定有排水壓降，只是程度大小之差異而已，對於 10 層樓以上之建築，正壓調節器（或透氣管）之設置仍然無法免除。

　　避免馬桶溢水或地板落水頭冒水，設置正壓調節器（或透氣管）並非萬靈丹，當排水幹管因雜物堵塞而斷面偏小時，馬桶溢水或地板落水頭冒水之狀況仍然會發生；因此，排水管配管完成至建築物啟用期間，必須確實保護排水管（尤其是容易造成堵塞之水平排水幹管部分），否則正壓調節器（或透氣管）將無用武之地。

IAQ 不能忽略的室內濕度控制？

　　台灣的室外環境經常很潮濕，相對濕度普遍高達
75%RH，無空調之室內環境很容易滋生黴菌與塵蟎，必
須將相對濕度控制在 50%RH 左右。

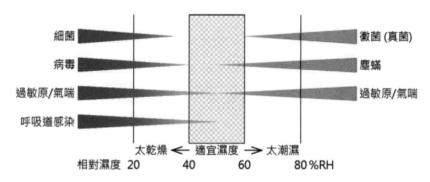

　　為了降低室內環境之落菌數，室內環境之相對濕度
應該持續控制在 40 至 60%RH。

　　對於僅控制溫度之空調設備，夏季開冷氣時要維持
在 60%RH 以下並不難，但對於室內顯熱較小之春秋季
節，僅控制溫度是很難維持 60%RH 以下之濕度，尤其
是冷卻盤管風量固定之空調系統，濕度高達 70%RH 是
稀鬆平常的事情，那室內之落菌數必然提高。

　　針對溫度 26°C、濕度 50%RH 之室內環境，室內露
點溫度在 14.8°C，對於慣用 FCU 之空調冷氣場所，必
須靠低濕之外氣來降低室內之相對濕度，外氣普遍濕熱
之台灣地區，外氣空調箱之離風溫度應控制在 15°C 以
下，否則室內之相對濕度勢必偏高。

　　空調冷氣系統利用外氣來進行自然冷卻，是節能減
碳之重點工作，對於亞熱帶地區的台灣，氣溫較低之春

秋季節，室外溫度也許僅 20°C，將大量外氣直接引入室內或打開窗戶，室內溫度要維持在 25°C 並不難，但室內之相對濕度往往會偏高很多，甚至高達 80%RH，相當不利於健康建築之室內環境控制。

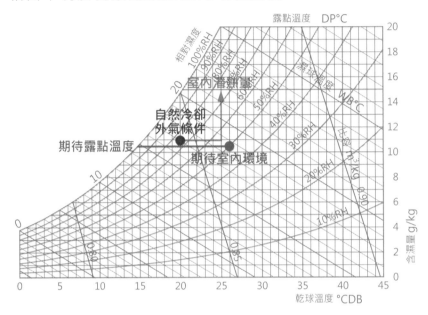

　　讀者觀察空氣性質圖，可以發現 26°CDB/50%RH之室內環境，期待之室內露點溫度約 14.8°C，對於氣候普遍潮濕之台灣地區，健康建築之 FCU 空調系統設計，外氣空調箱之離風溫度必須控制在 15°C 以下，來避免室內之相對濕度偏高。

　　至於外氣自然冷卻之應用，20°CDB/75%RH 之外氣，露點溫度已經高於 14.8°C，況且室內還會有潛熱負荷；因此，冷氣系統應搭配足夠除濕能力之除濕機，否則室內之相對濕度將無法控制在健康建築之需求。

為什麼頭髮總是吹不乾？

洗完頭必須利用吹風機來吹乾頭髮，對於夏季沒冷氣的空間，頭髮很難吹乾，因為頭皮會持續流汗。

吹風機係利用電熱對空氣加熱來提高溫度、降低相對濕度，較低之相對濕度可以提高空氣吸濕潛能，使濕頭髮水分快速蒸發，但高溫之熱風也會使人覺得熱，結果頭皮流汗增加、頭髮更濕。

為了減緩頭皮流汗的問題，吹風機會設計熱風與冷風模式，讓使用者可以冷、熱風模式交替吹頭髮，減緩頭髮吹不乾的問題。

如果吹風機採用化學除濕來除濕升溫，溫風狀態下之相對濕度就已經很低，可以快速吹乾頭髮、耗電量也比較小，對於濕熱環境之地區其實非常好用。

對於盥洗空間之更衣室，用來吹乾頭髮是其主要目的，室內環境應該控制在較低之濕度，來縮短吹乾頭髮之時間，尤其是提供三溫暖（或溫泉）之場所，人體處於新陳代謝快速之狀態，降低更衣室之環境濕度，可以讓三溫暖使用者快速回復使用前之狀態，也讓更衣室之服務人次得以大幅提升。

如果更衣室之空調冷氣系統，冷卻除濕後再經化學除濕處理，化學除濕用更衣室之排氣來還原，更衣室環境可以控制在相當低之相對濕度，雖然必須增加化學除濕設備之費用，但更衣室之服務人次得以大幅提升、不需建置很大之更衣室，其實性價比反而會比較高，而且可以讓使用者覺得很舒服。

如何避免室內之相對濕度偏高？

　　開冷氣即可以大量除濕？對於顯熱負荷較高之夏季，室內環境之相對濕度通常沒有問題，但顯熱負荷較低之春秋季節，冷氣設備進行冷卻除濕時，會造成室內環境之溫度偏低，如果沒有適時引入足夠之乾燥外氣，室內環境之相對濕度是會偏高的！

　　對於外氣普遍潮濕之地區（如台灣），通常沒有乾燥外氣可以引入，必須尋求其他除濕方式，來解決室內環境之相對濕度偏高問題。

　　開啟除濕機來避免室內之相對濕度偏高，是相當有效之方式，但移動式家用除濕機之除濕能力很小，僅適用在關閉窗戶之小房間，對於較大面積之客餐廳或開啟窗戶來進行自然冷卻時，移動式家用除濕機之除濕能力將是杯水車薪。

　　選用足夠除濕能力之吊掛式除濕機，可以解決引用外氣進行自然冷卻時，室內相對濕度偏高之問題，而且可以將除濕之冷凝水自動排除，除濕機得以連續運轉，讓室內環境持續控制在期待之相對濕度。

　　引用室外空氣來進行自然冷卻，是空調系統節能減碳之重要手法，對於氣候普遍潮濕、但溫度不高之地區（如台灣），如果採用冷卻除濕後再經化學除濕之空調系統，夏季之室內環境很容易控制在 50%RH，室內溫度可以控制在 26°C、甚至 28°C，室內之人員仍然會覺得很舒爽，即使是室內顯熱大幅降低之濕冷秋冬季節，仍然可以將室內環境控制在 50%RH 左右。

冷氣機開在除濕模式可以省電嗎？

　　氣候極端異常的年代，6 月天的台北市氣溫竟然高達 37°C，家家戶戶都開了冷氣，下期電費單鐵定高漲！

　　老婆問我：網路上的節能達人建議，將冷氣機設定在除濕模式，可以省電！真的嗎？

筆者回答：冷氣關掉可以省更多的電！

　　室內溫度偏高時，開啟電風扇來冷卻的耗電量，當然會比開啟冷氣機來得低，但室內環境控制的效果也截然不同，這是不能光比較耗電量的。

　　冷氣機設定在除濕模式真的可以省電嗎？專業上檢討，首先要看冷氣機之型式與負載比率，如果冷氣機採用定頻機種、而且冷氣機負載比率很高時，將冷氣機設定在除濕模式，確實可以省電。

　　讀者試想：冷氣機負載比率很高時，冷氣機設定在冷氣模式，冷氣機運轉時間很長，如果將冷氣機設定在間歇運轉的除濕模式，冷氣機運轉時間縮短很多，當然可以省電；不過間歇運轉的除濕模式，室內溫度偏高時也在等待間歇運轉的設定時間，室內溫度一定會持續偏高，節能的比較是在不同的環境控制條件。

　　如果冷氣機選用變頻機種（俗稱 VRV 冷氣機），冷氣機負載比率不高時，將冷氣機設定在間歇運轉的除濕模式，鐵定會增加耗電量，因為冷氣機的啟動、停止次數將增加，也無法充分利用 VRV 冷氣機 50%負載之高效率運轉點；因此，有人提出不同看法：中午離開辦公室出去吃飯時，不要關掉冷氣機，將冷氣機之溫度設

定值調高（譬如將 25°C 調高到 28°C），回到辦公室時再將溫度設定值調到舒適溫度，可以避免冷氣機因停止、啟動而增加耗電量，指的就是 VRV 冷氣機。

明智的冷氣機操作方式，當覺得室內溫度偏高時，當然要將冷氣機設定在冷氣模式，否則為什麼要裝冷氣機？如果覺得濕度偏高、溫度偏低時，應該將冷氣機之風量調低、溫度則設定在舒適溫度。

網路上的訊息是給懂得人看的，因為經常大半是錯的，要將訊息轉成可用資訊，那必須靠專業知識才行。

冷氣開除濕模式能不能省電？要檢討的背景條件包括：除濕模式的運作方式、冷氣機的控制方式及冷氣負載與冷氣機容量比等，不是光拿電錶量測的數據就可以斷定冷氣開到除濕模式可以比較省電！

首先檢討冷氣機除濕模式的運作方式，由於冷卻除濕在春秋季會造成室溫過低，家電廠商採用偏離實務的學者建議，在冷氣機之控制模組增加冷氣間歇運轉之操作模式，理由是可以避免春秋季開冷氣除濕時之室溫過低，據此稱之除濕模式。

筆者實際感受這種冷氣機除濕模式之環境控制效果，發現當室內有一點點熱負荷時，室內溫度就會有明顯忽高忽低現象！

如何解決春秋季濕度偏高問題？

　　一般冷氣機除濕模式的運作方式，是採用冷氣間歇運轉來避免室內溫度過低，當室內熱負荷很小時，冷氣機運轉時間減少，相較於定頻冷氣機之冷氣模式，當然可以感受室內溫度不致於偏低太多；但當室內熱負荷稍大時，冷氣機運轉 6 分鐘、停止 4 分鐘，停止 4 分鐘時之室內溫度將明顯上升，室內人員必須改變著衣量來調整人體散熱量，否則很容易過熱流汗、過冷著涼！

　　台灣的氣候經常非常潮濕，除濕絕對是環境控制之重要工作，冷卻除濕在夏季通常沒問題，冷氣機自然設定在冷氣模式較合適；但在氣溫較低的春秋季節，冷氣機設定在只有溫度控制之冷氣模式，室內濕度偏高是自然現象，無法接受濕度偏高，而將冷氣機設定在除濕模式，結果也僅僅是冷卻除濕，無法真正解決問題！

　　筆者於是建議台灣日立研發生產真正的冷氣機除濕模式，也就是冷卻除濕後再熱，利用冷氣機之冷凝器熱源來調整室內溫度，同時讓進入蒸發器之液態冷媒過冷、提高焓差來增加冷卻能力。

　　另一種選擇，那就是裝足夠除濕量之吊掛除濕機，吊掛除濕機的特點是除濕量大、免倒水，還可以遠端遙控與設定室內之相對濕度，筆者居家就裝設了這種吊掛除濕機，一台吊掛除濕機之除濕量相當於 7~10 台之家用移動式除濕機，不在家時可以持續控制室內之相對濕度，冬天季節也可以用來除濕與增溫，非常適合環境普遍潮濕之地區。

應該開除濕機、還是冷氣機？

　　或許有些讀者心理會嘀咕：有了除濕功能的冷氣機了，為什麼還要裝除濕機？

　　如果裝設具備冷卻除濕再熱功能的冷氣機，自然不需要再裝設除濕機，但一般冷氣機之除濕功能是冷氣間歇運轉，僅僅是冷卻除濕功能而已，無法滿足春秋季節之冷卻除濕再熱需求，會造成室內環境之溫度偏低、相對濕度偏高，必須另外裝設除濕機，才能控制春秋季節室內環境之相對濕度。

　　由於冷氣機具備冷卻除濕功能，如果選用高效率 VRV 冷氣機，冷氣機之運轉效率其實會比一般吊掛除濕機高很多；因此，並不是裝了吊掛除濕機，就一直讓除濕機持續開啟運轉，如果開啟冷氣機會覺得比較舒服、不會太冷，就應該開冷氣機來進行冷卻除濕。

　　適當之溫度與濕度，是人體期待之周邊環境，對於優質之室內環境，有人員時應同時控制溫度與濕度，至於無人員時，則僅控制濕度即可；室內空間無人員時，控制室內環境之相對濕度，係用來減少室內空間之落菌數，同時可以延長藝術品、建材與傢俱之壽命。

　　一般吊掛除濕機會有濕度控制，可以將吊掛除濕機設定在適當相對濕度（如 55%RH），用來補償冷氣機除濕能力之不足，當夏季天氣很熱、開啟冷氣機時，也許吊掛除濕機就會自動關閉；至於氣溫比較低之春秋季節，也許利用除濕機之冷卻除濕再熱，就可以得到舒爽之室內環境，自然無需開啟冷氣機。

偶而才使用的浴廁為什麼也會臭？

　　乾濕分離之浴室持續有臭味，起因來自於地板落水頭之存水彎沒水，倒杯水在地板落水頭，就可以撐兩個禮拜沒有臭味，但這是不是很麻煩！

　　廁所或浴室之臭味來源，來自於落水頭之排水管水封失效！那要如何解決？真的是兩個禮拜倒杯水在地板落水頭嗎？

　　其實地板落水頭之排水管路設計時，如果與洗臉台之排水共用存水彎，只要偶而洗手就可以確保存水彎正常、免除臭味之產生。

　　由於浴室普遍採乾濕分離，馬桶與洗手台之地板經常是乾燥狀態，地板排水管之存水彎，水封一段時間就會因蒸發沒水、而失去水封功能，化糞池或衛生下水道之臭味經由排水管滲入浴室將無法避免，以拖把清理浴室地板，是無法解決臭味問題的！

　　淋浴間、地板與洗手台之排水管分別設置存水彎是不對的，應該將排水匯集後再設置共同存水彎，那即使地板一直保持乾燥狀態、或淋浴間久沒使用，只要洗臉盆之水龍頭有用水，存水彎就能保持正常水封狀態。

　　分層使用者之公寓或大樓住宅，存水彎之檢修口應設置在當樓層，來減少住戶與住戶間互相干擾，因此應該設置當樓層檢修之共同存水彎，一方面解決存水彎無水問題，另一方面解決存水彎檢修困擾。

　　對於多間浴室的豪宅，經常有浴室閒置沒用，水龍頭久久沒有用水，那存水彎仍然會乾掉；因此，除了採

用共同存水彎之設計外，必須另外設計定時注水裝置，來讓存水彎能夠持續保持水封狀態。

除此之外，也可以在排水幹管設置總存水彎，來隔離化糞池或衛生下水道之沼氣，但由於重力排水往往無法克服兩道存水彎之水壓降，因此必要時應在總存水彎之入口設置透氣管，來降低排水管路之阻力。

通風良好之乾濕分離浴廁，當存水彎之水封乾掉而失去水封功能時，其實也不應該有臭味，臭味的產生往往是兩項之設計或施作不良所造成，也就是存水彎失去水封功能加上浴廁通風不良。

當廁所門扇關閉時，如果門扇沒有設置通風百葉，排氣設備之通風效果將大打折扣，廁所也會呈現負壓狀態，如果此時存水彎之水封失效，排水管將成為沼氣滲入浴室之路徑，結果往往造成金屬元件因而銹蝕，也會影響使用人員的健康。

問題又來了！為什麼會有沼氣？浴廁廁所排氣設備沒有啟動、室內不會呈現負壓狀態，那沼氣為什麼會滲入浴廁？

如果馬桶之糞便排入化糞池，在糞便腐敗過程會產生甲烷、氨氣與硫化氫等臭氣，這些臭氣通稱為沼氣，沼氣產生過程會造成化糞池之壓力提高，當排水管之水封乾掉時，沼氣自然會滲入浴室。

如何改善化糞池帶來之臭味？

　　如果化糞池沒有設置通氣管，化糞池之壓力因腐化糞便過程而持續升高，會造成壓力宣洩處（如水封乾掉之落水頭）有嚴重之臭味。

　　標準的化糞池施工方式，必須設有足夠管徑之通氣管，來減少化糞池之壓力，同時提供腐化糞便菌種所需之空氣，但通氣管只能讓化糞池維持在微正壓狀態，當排水管存水彎之水封乾掉時，浴室仍會有臭味，只是不會那麼嚴重。

　　對於飯店或辦公大樓等建築之大型化糞池，為了提供化糞池之化糞功能，通常設有外氣鼓風機來活化腐化糞便之菌種，結果將使化糞池之壓力更高，如果加上不當使用清潔劑（如漂白水）造成腐化糞便之菌種死亡，當排水管存水彎之水封乾掉時，浴室之臭味問題將會更嚴重，甚至會從未密封之排水管銜接處滲出，造成到處都有臭味之尷尬情形。

　　釜底抽薪之方法，應從臭味之產生源頭來解決，如果在化糞池設置排氣鼓風機，通氣管成為引入空氣之進氣管，化糞池將維持負壓狀態，化糞池臭味就不會經由失去水封功能之排水管滲入浴室，也不會造成臭味從排水管銜接處滲出之情形。

　　維持負壓狀態之化糞池雖然可以解決臭味問題，但不代表排水管之水封可以不在意，也不代表排水管銜接處可以不密封；當排水管存水彎之水封失效時，仍然會有蟑螂、昆蟲爬入浴室之問題，如果排水管銜接處未密

封，當排水量超過排水管之容量時，則會有排水管滲水問題，尤其是在排水管因積泥而減少斷面積時，情況將會更嚴重。

進一步檢討，雖然在化糞池設置了排氣鼓風機，但鼓風機有可能會故障，如果化糞池腐化糞便之菌種死亡時，碰巧發生排氣鼓風機故障，化糞池將會是非常大之臭氣來源；因此，要改善化糞池帶來之臭味，必須從多方面著手，包括化糞池之設計施作、排水管之氣密、鼓風機房與廁所之通風等。

化糞池設計施作除了必要之腐敗槽、沉澱槽與過濾槽外，還必須包括排氣鼓風機與通氣管之建置。

排水管屬於無壓力管，配管時經常會忽略管件銜接之氣密處理，在排水正常之情況下，好像沒有甚麼問題，但當管路如果有稍微堵塞時，排水管會有滲漏之虞，對於銜接化糞池之排水管，化糞池之臭味也會從排水管接縫滲出。

當化糞池因腐化糞便之菌種死亡，而產生很濃之臭味時，化糞池周邊之空間（如停車場）會非常臭，除了排氣鼓風機碰巧故障外，鼓風機之機房通風不良也是因素之一，也就是同時發生很多項錯誤，才會造成化糞池周邊之空間非常臭，如果造成廁所非常臭，那同時發生之多項錯誤，還包括廁所排水管水封失效與通風不良。

造成鼓風機房與廁所通風不良之原因，有可能是沒有設置通風設備，也有可能是設置了排氣風車，卻無法順利進氣；因此，除了設置排氣風車與管道外，必須有足夠之自然進氣路徑，或另外設置進氣風車與管道。

沖澡區的地磚為什麼那麼滑？

不是採用止滑磁磚了嗎？地板為什麼還那麼滑？還差點滑倒！那老人家使用是不是很危險？這是很多公共場所的寫照。

止滑磁磚為什麼還是會很滑？不是都已經採用認證過的止滑磁磚嗎？很多施作者會無法理解為什麼會這樣？

其實問題在於止滑磁磚認證的內容？認證合格的止滑磁磚，確實可以達到遇水潮濕之止滑效果，但當止滑磁磚碰上肥皂水或清潔劑時，止滑磁磚的止滑效果就會大打折扣了！

筆者木柵居家在重新裝修時，要求室內設計師要在浴室沖澡區域四邊（或三邊）建置淺排水溝，便於順利將肥皂泡沫與盥洗水排除，地板也得以快速乾燥，就像五星級飯店那樣。

泥水工師傅認為只要有足夠的排水坡度即可，無法接受筆者之建議，當時筆者因為工作相當忙碌，沒太多的時間溝通，心想有室內設計師在，應該不會有太大問題，因此就沒有持續堅持。

完工後親自使用時，真的很後悔、後悔當初沒有堅持建置多邊淺排水溝！因為沖澡時無法即時將肥皂泡沫排除，殘留肥皂泡沫的地板，成為止滑磁磚的罩門！

筆者當時的溝通狀況如果太過堅持，或許室內設計師、泥水工師傅與家人都會認為筆者太過於固執（說不定會認為筆者很頑固），事後想想，固執不好嗎？老師

不是說要「擇善固執」嗎？只是甚麼叫做「擇善」？你認為是擇善、別人認為是剛愎！那太過堅持豈不是變成剛愎自用了！

泥水工師傅技術相當好，在蓮蓬頭下方設置一線排開之淺排水溝與排水口，排水坡度施作的恰恰好，不會讓人覺得地板有高低差、但沖澡空間的排水卻可以非常順暢的排向蓮蓬頭下方的淺排水溝。

但筆者實際沖澡時，卻發現很難補救的問題，當使用蓮蓬頭沖澡時，肥皂泡沫會被蓮蓬頭之水柱沖到地板的高側、而不是流向蓮蓬頭之淺排水溝，當關掉蓮蓬頭、無水柱時，部分肥皂泡沫會留在地板，因此止滑磁磚的止滑效果就打折扣了！

當初重新裝修木柵房子時，還好有要求沖澡空間之磁磚，將原來 20cmx20cm 止滑磁磚中間切出止滑溝縫，完成後之磁磚面尺寸像 10cmx10cm 之磁磚，磁磚溝縫與溝縫間之實際尺寸僅 10cm，會讓使用者的腳板一定會踩到溝縫，來而達到止滑效果，而且將 20cmx20cm 止滑磁磚中間切出止滑溝縫，磁磚規格與浴室其他部區域一樣，相當協調好看。

筆者廿幾年來的技術顧問生涯，解決過無數的工程技術問題，發現大部分設計或施作不當造成的問題，會讓使用者無法忍受，通常伴隨著另一個、甚至兩個以上的問題，筆者浴室之沖澡區域四邊雖然沒有建置淺排水溝，無法讓盥洗時之肥皂泡沫迅速排除，所幸磁磚溝縫間距僅 10cm，腳板一定會踩到溝縫，沖澡區之實際防滑效果還可以接受。

室內產生壁癌怎麼辦？

慣用鋼筋混泥土外牆或磚牆之住宅，在氣候普遍潮濕之環境，很少沒有發生壁癌的現象，有很多個案會用室內裝修來覆蓋，看不到而已。

照理來說，建築防水施工確實，不應該會有壁癌發生才是，然而慣於將雨水管埋設在鋼筋混泥土柱裡面的施工法，只要雨水管稍微滲漏，多年後在室內側之牆壁產生壁癌將無法避免，加上室內之相對濕度經常普遍偏高時，壁癌之現象將會更明顯。

據筆者的觀察，很多台灣建築會發生壁癌現象，主要是雨水管配管不當所造成，也有少部分來自於外牆防水不施工確實或室內結露滴水。

由於雨水管之水流方向固定，垂直管之雨水由上往下流動，只要順著雨水流向銜接垂直管路，平常雨水就不會由管路銜接處滲出，施工者很容易忽略雨水垂直管之銜接處氣密，當發生勁雨量造成雨水管滿管時，雨水就由雨水管之銜接處滲出，造成鋼筋混泥土潮濕，日久因而產生壁癌，當雨水管末端排水不順時，壁癌之情況則會更嚴重。

有些老舊住宅沒有設置管道間，一般生活給排水之配管與雨水管一樣，都排設在鋼筋混泥土之柱子裡面，甚至有些還排在外牆，當地震造成管路稍微滲漏時，牆壁產生壁癌之現象則會更為普遍。

有些建築會有室外配電，譬如露台之照明或景觀水池等，那雨水也有可能經由配電之電導管滲入室內，當

電導管排設在牆壁或樓板時，牆壁或樓板也會因長時間潮濕而產生壁癌。

　　如果雨水管、生活給排水管與電導管都配置在管道間內，或採用露明配管，室內牆壁之壁癌現象不應該會那麼普遍。

　　為了避免壁癌之產生，雨水管或排水管之接頭必須確實氣密，而且必須避免埋設在鋼筋混泥土柱或外牆；至於電氣之配管，由室外進入室內之電導管，必須確實氣密、並配置上行管，來阻絕雨水滲入之路徑。

　　針對壁癌之防治，採用防水劑來圍堵水氣是最普遍之方式，但這種方式僅能暫時治標，也許一年或多年後，壁癌又會再次發生。

　　壁癌防治應檢視壁癌之成因，如果是建築外牆之施工不確實，那必須從外牆之防水著手，如果是水管接頭之滲水所造成，那必須修繕滲水之水管接頭。

　　也許建築外牆防水或修繕滲水之水管接頭，會是很大之工事，那要解除壁癌之困擾，裝設足夠除濕能力之吊掛除濕機，讓室內經常保持在乾燥狀態，其實也可以減緩壁癌之產生，當然也可以同時進行壁癌處之防水與室內裝修，至少能夠達到眼不見為淨之目的。

家裡磁磚為什麼爆開了？

　　磁磚黏貼在水泥地板或牆壁表面，水泥之熱膨脹係數通常會大於磁磚，當溫差大幅變化時，水泥之伸縮量也會大於磁磚，因而造成磁磚隆起爆裂。

　　夏天之環境溫度升高時，水泥之膨脹量大於磁磚，磁磚與水泥會因位移而脫離；當冬天之環境溫度大幅降低，水泥之縮收量會大於磁磚，磁磚則有可能相互擠壓而隆起，如果黏貼磁磚之施工不確實，磁磚則更容易造成隆起爆裂。

　　為了避免磁磚之隆起爆裂，黏貼磁磚時必須預留足夠之磁磚縫隙，來吸收磁磚與水泥膨脹與縮收之差量，對於溫度變化較大之地區，也許還要加寬磁磚與磁磚之縫隙（譬如將 2mm 之磁磚縫隙加大為 4mm）。

　　筆者林口社區有多戶浴室磁磚發生爆裂之情形，但檢視居家則無此種狀況，推敲其原因應該來自於開窗之習慣，因為當冬天氣溫非常低時，如果浴室窗戶長時間全開，會造成浴室地板與牆壁之溫度，隨著外氣溫度降低而下降，那磁磚就會因水泥收縮而相互擠壓，因而發生磁磚隆起爆裂。

　　有些老舊建築物水泥因日久而變質，無法持續黏合磁磚，也會讓磁磚更容易隆起爆裂，為了減緩磁磚隆起爆裂之風險，應盡可能避免室內之溫度過低（譬如當室外溫度很低時，不要讓窗戶長時間全開。）；此外，由於水泥之熱漲冷縮遠大於磁磚，如果能夠選擇冬季施作磁磚，也可以減緩磁磚因氣溫下降而隆起爆裂。

天花板為什麼滴水了？

　　天花板為什麼會滴水？如果是浴室或廚房，天花板配置了給水管或排水管，管路漏水是有可能，但也有可能是因屋頂防水失效而漏水。

　　如果不是屋頂層、也不是浴室或廚房呢？那很可能是吊在天花板內之冷氣機所造成的。

　　當冷氣機進行冷卻除濕時，會持續產生冷凝水，必須利用排水盤銜接排水管，即時將冷凝水排除，如果吊在天花板內之冷氣機，冷凝水無法即時排除，那就會發生天花板漏水之問題。

　　由於排水盤銜接排水管為常壓重力排水，除了排水管必須有足夠之排水坡度外（如 1/100 以上），應該有足夠降管來避免排水盤積水。

　　左圖排水盤銜接之排水管，配置 10cm 之降管，可以減少排水盤積水之可能，如果因為天花板內之高度有限，採用右圖之方式銜接排水管，那將會增加排水盤積水之風險，如果排水管之坡度不足時，排水盤積水之可能性會更高。

　　以大面積之辦公室為例，裝設了很多台之吊掛冷氣機，無論是分離式冷氣機之室內機，還是冰水系統之FCU（風車盤管），很少會定時清理排水盤，通常都是排水盤漏水了，才去清理排水盤，結果造成辦公室礦纖天花板留下水漬，非常不雅觀。

吊掛冷氣機之排水盤，配置 10cm 降管之排水管，可以減少排水盤漏水之風險，但仍然無法完全免除漏水之問題，如果要免除冷氣機排水盤之漏水問題，在空調冷氣系統設計時，必須將冷卻除濕與補償冷卻分開，冷卻除濕由落地型空調箱來執行，吊掛冷氣機則負責補償冷卻，來避免或減少吊掛冷氣機之冷凝水。

　　如果設計中央空調冰水系統，可以設計雙溫冰水系統，低溫冰水用來冷卻除濕、中溫冰水則用來補償冷卻，除了解決天花板漏水問題外，也可以降低空調冰水系統之耗電量。

　　對於大型中央空調冰水系統，可以同時設計低溫冰水機與中溫冰水機，低溫冰水機與空調箱用來進行冷卻除濕，中溫冰水機與吊掛冷氣機則用來補償冷卻，藉以降低中溫冰水機之耗電量。

　　如果是小型中央空調冰水系統，可以利用低溫冰水供應空調箱，用來進行外氣與部分回風之冷卻除濕，空調箱冰水回水則做為補償冷卻之冷源，藉以增加冰水溫差、降低冰水泵之耗電量，也可以順便解決 FCU 之冰水溫差普遍偏低之問題。

　　由於補償冷卻之吊掛冷氣機，冰水進水溫度可能高達 12°C，FCU 之冷卻能力勢必大幅下降，必須選用增加熱交換面積之中溫 FCU 型式，來補償 FCU 之冷卻能力因冰水溫度提高而下降。

浴室怎麼漏水了？

浴室竟然漏水了！是自來水管沒有銜接好造成漏水嗎？還是馬通沒有安裝好？

漏水之狀況時有時無，仔細檢查馬桶安裝、並沒有發現問題，如果不是持續漏水，那一定不是自來水給水管沒有銜接好，可能是自來水管結露滴水了！

對於室外普遍潮濕之地區，只用利用排氣、並引入外氣來進行通風，是無法讓浴室保持乾燥，使得浴室之環境經常處於相當潮濕之狀況。

在氣候驟變的世代，外氣溫度會經常驟降，暴露在室外之自來水箱與自來水管，會使得自來水溫度大幅降低，那洗臉台與馬桶之水溫也有可能會很低。

很多自來水之給水配管慣用裸不銹鋼管，當自來水溫很低，使得自來水管之表面溫度低於浴室環境之露點溫度，造成自來水管表面結露滴水是必然的！

為了避免自來水給水管結露滴水，自來水管不應該採用裸不銹鋼管，而必須採用有保溫披覆之不銹鋼管，來提高自來水給水管之表面溫度、避免表面結露滴水，尤其是利用建築裝修包覆之露明自來水給水管，水管之保溫尤其重要。

針對潮濕環境之浴室，當天花板不是很氣密時，天花板內之排水管也有可能會結露滴水；同樣道理，如果建築空間因為功能需求，而利用建築裝修包覆窗戶玻璃時，除非採用斷熱窗戶，否則窗戶在包覆前，鋁框與玻璃有必須先行貼附保溫材，來避免結露滴水。

未雨綢繆的浴室設計？

　　回嘉義老家順便拜訪武星學弟，學弟退休後回嘉義整理既有住宅，考慮老人家之需求而在浴室建置不銹鋼扶手，並考量輪椅進出之空間，這也是未雨綢繆之空間環境規劃，由於已經建置完成，筆者也就沒有再提其他可以優化之項目。

　　浴室空間通常不大、物件很多，在浴室滑倒很容易受到傷害，考量老人之需求而建置扶手，有其務實之必要性，但設計時更應考量地板之止滑功能，如果是乾濕分離之浴室，乾燥地板或許只要採用合格之止滑磁磚即可，但沖澡區之濕地板除止滑磁磚外，應再考慮排水迅速與表面有清潔劑時之防滑功能。

　　如果裝修房子時，沖澡空間四邊（或三邊）留有淺排水溝，那地板不會留有肥皂泡沫，使用感覺會非常好；但如果僅在蓮蓬頭下方施作一排淺排水溝、甚至只有落水頭，當用蓮蓬頭沖澡時，肥皂泡沫是無法迅速排除的，採用 20cmx20cm（甚至 30cmx30cm）之止滑磁磚，將無法確實達到止滑效果，那沖澡盥洗空間鐵定會滑，很明顯這是兩個施作問題湊在一起！

　　如果浴室已經施工完成，但沖澡區之止滑磁磚無法確實止滑，那該怎麼辦？小心使用！還是敲掉重做？

　　在 20cmx20cm 之止滑磁磚，中間切出止滑溝縫，可以讓使用者之腳板涵蓋溝縫，可以達到防滑功能，如果再配合沖澡空間四邊設置淺排水溝，浴室之安全將會更有保障。

早上睡醒為什麼頭很痛？

早上睡醒頭痛，是不是感冒了？不然到底為什麼？哎呀！你家窗戶全部緊閉，室內空氣太差了！爾偶應該開開窗才是。

現在建築的氣密窗為了達到預期之隔音效果，窗戶緊閉時之氣密度相當好，如果樓梯間與大氣隔絕，當窗戶緊閉時，室內之通風量會趨近於零。

室內有人時會持續消耗氧氣、產生二氧化碳，沒人時也會從建材釋放出有害人體的化學氣體，再加上室內空氣濕度普遍過高而滋生黴菌，長時間下來空氣太差是常態，難怪長時間居留會頭痛！

陽光、空氣、水是生命三大要素，室內環境之空氣品質，要持續維持在良好之狀態，引進適當外氣量來進行通風是絕對必要的。

筆者經手的台灣平地商用空調個案是不會設置全熱交換器的，即使是必須申請綠建築，也會放棄全熱交換器對綠建築的加分，利用外氣空調箱與排氣設備來替代全熱交換器，但對於住宅設置全熱交換器則持不反對態度，這並不是住宅設置全熱交換器就有節能效果，而是想拿全熱交換器來進行住宅之室內通風，藉以維持室內環境之空氣品質。

如果住宅沒有設置全熱交換器，也可以設置進排氣設備來進行通風換氣，否則必須經常開窗戶，來避免室內環境之空氣品質太差，如果進排氣設備能對外氣進行除濕，將會是環境普遍潮濕之住宅良伴。

冷暖氣是為了舒適、通風換氣則是為了健康

高雄福 X 大飯店建造時，由於是老舊建築重新結構補強後裝修，天花內之風管配置空間大受限制，其中廿人單桌之包廂沒有設計外氣風管，筆者堅持一定要施作外氣風管、可小不能無，承包商最後免強施作 10cm 直徑之外氣風管；讀者試想：完全沒通風換氣、廢氣是會疊集的，對於室內環境之空氣品質控制，提供外氣需量之 10%，雖然明顯換氣不足，但卻可以改善 50%的室內空氣品質，有一點點換氣、室內空氣品質就不致於太糟糕！

冷暖氣是為了提高舒適度，良好室內空氣品質才是基本室內環境需求，足夠換氣量是良好室內空氣品質之必要條件，要達到足夠之換氣量，除了設置外氣進氣設備外，廢氣也必須能夠順利排除。

對於廁所設置在公共區之一般辦公大樓，由於人員密集，排氣機制只靠開門、或門縫排氣時，那室內空氣品質鐵定非常糟糕，雖然設計了外氣空調箱，往往也僅能供給外氣量設計值的 5%、甚至更少，空調系統普遍這樣設計，室內環境品質其實根本沒有到位，只是被使用者寬容、忽略而已！

密閉建築空間之通風設計，外氣之進氣設備一定要搭配排氣設備，而且每一獨立空間都要分別設置進氣與排氣風管，只設置外氣進氣設備而缺乏排氣設備，將會限制實際進氣量，這種設計是無法達到良好之室內空氣品質控制的。

室內怎麼會有霉味？

當室內相對濕度長期偏高時，室內空間會有霉味產生，密閉空間長時間沒有通風換氣，除了空氣中之不良氣體會持續累積外，室內濕度也會越來越高，因而造成黴菌滋生。

在外氣普遍很潮濕之地區，如何解決室內濕度過高問題？來避免傢具發霉、臥房產生霉味。

引進外氣進行通風換氣，雖然可以解決室內環境之空氣品質問題，但在外界環境普遍很潮濕之地區（如台灣），除非室內更潮濕（譬如剛用濕布拖完地板），否則引進外氣來通風換氣，對降低室內環境之濕度並無幫助，此時如果採用全熱交換器來進行通風換氣，室內環境之相對濕度，甚至會比直接引入外氣還高。

全熱交換器同時進行外氣與排氣之顯熱與潛熱熱交換，夏季可以對高溫、高濕之外氣進行預冷與預除濕、冬季則可以對低溫、低濕之外氣進行預熱與預加濕，是可以減少夏季冷卻除濕與冬季加熱加濕之耗電量；但對於室外普遍在 25°C 左右之潮濕環境，全熱交換器之節能效益相當有限。

由於一般全熱交換器之潛熱效率遠低於顯熱效率，因此夏季高溫、高濕之外氣經全熱交換器處理後，相對濕度反而會提高，不利於室內環境之通風換氣除濕。

針對外界環境普遍很潮濕之地區，關閉門窗、開啟除濕設備來進行冷卻除濕再熱，對於室內環境之相對濕度降低，是最簡單有效之方式。

門窗緊閉來進行除濕，那室內環境之通風換氣怎麼辦？室內環境之空氣品質會太差耶！如果打開窗戶，開除濕機還有效嗎？

　　家用移動式除濕機之除濕能力不大，除非是門窗緊閉之小房間，長時間開啟除濕機才能有明顯之效果，對於較大空間（如客、餐廳）之室內除濕需求，家用移動式除濕機之除濕能力僅是杯水車薪。

　　冷氣機之除濕能力遠大於移動式除濕機，而且除濕之冷凝水直接排出、可以省掉倒水的麻煩，當室內空氣之氣狀汙染物濃度很高時，開冷氣機進行冷卻除濕時，冷卻盤管之結露冷凝除濕，也可以移除少部分之氣狀汙染物，減緩室內空氣品質之惡化。

　　夏天開冷氣，同時對室內環境進行降溫與除濕當然很好，但春秋季節怎麼辦？開冷氣因而造成室內環境之溫度過低，室內環境之相對濕度也會因而偏高！

　　市面上家電廠商所生產之冷氣機，雖然標示除濕功能，其實只是冷氣間歇運轉、等同冷卻除濕，而且會造成室內環境之溫度忽高忽低，真正的除濕功能應有冷卻除濕再熱機制。

　　那該怎麼辦？一般冷氣機又沒有冷卻除濕後再熱之恆溫除濕功能，多買幾台移動式除濕機？那室內可用面積會減少耶！筆者家裡只好多花幾萬元裝設吊掛式除濕機，因為吊掛式除濕機之除濕量較大、而且不用倒除濕水。

兼顧除濕、換氣與節能的空調設備

引進潮濕的外氣來通風換氣，會增加除濕機的除濕負擔，對於家用移動式除濕機之除濕能力，將會是杯水車薪，其實有另一種設備可以同時解決室內空氣品質與室內濕度偏高問題，而且可以降低室內環境控制之耗電量，就像全熱交換器的廣告詞「IAQ 與節能減碳 Total Solution」，設備也很像全熱交換器、是全熱交換器的親戚，夏季室內外焓差較大時可以做全熱交換器來降低外氣之冷卻除濕負荷、也可以開啟冷卻除濕再化學除濕來降低室內相對濕度，春秋季之外氣經冷卻除濕後再經由化學除濕，可以確保室內乾爽、免除室內開冷氣需求，當冬季引入之外氣溫度很低時，可以直接進行化學除濕，來避免室內濕度偏高與溫度偏低。

針對環境普遍潮濕之地區（如台灣），應該設計這種兼具換氣通風、節能與除濕之外氣處理設備，來應付春夏秋冬季節之氣溫變化需求，夏季可以利用排氣來進行全熱交換，對引入外氣進行預冷與預除濕，春秋季則做為外氣冷卻除濕後之化學除濕，來避免室內環境之溫度偏低、相對濕度偏高，當冬季寒流來襲、氣溫非常低時，也可以利用排氣來進行全熱交換，對引入外氣進行預熱與預加濕。

兼具換氣通風、節能與除濕之外氣處理設備，夏季可以降低冷氣設備之耗電量，冬季可以降低暖氣設備之耗電量，春秋季節則用來改善室內環境品質，降低室內冷氣機之耗電量。

廚房排油煙效果怎麼那麼差？

1988 年筆者木柵居家裝修時，由於一樓有後院的關係，排油煙機之排氣路徑較長，而且還需配置垂直上行管，由於當時絕大部分排油煙機之風車皆採用螺旋槳式（風車葉片就像一般電風扇），無法滿足排氣路徑之風壓降。

最後筆者找到一家沒有品牌之排油煙機，稱之「空調式排油煙機」，當下好奇問店家老闆：為什麼叫空調式排油煙機？會製造冷氣嗎？

店家老闆：因為排油煙機之風車型式，就像空調箱之風車？

空調箱之風車係採用離心式，必須有足夠之風壓來克服過濾網、盤管與風管之壓降，風壓明顯會比傳統螺旋槳式風車之排油煙機大。

螺旋槳式風車之風壓非常小，應用在家用排油煙機時，只要排油煙管轉個彎，排煙效果就會相當差，應該改用離心式葉片，才有足夠之風壓來排除油煙（左下圖風車為離心式葉片、右下圖則為傳統螺旋槳式）。

離心式風車　　　螺旋槳式風車

筆者後來裝設了「空調式排油煙機」，當然不會產生冷氣，但由於離心式風車之風壓足夠，使用到 2015 年居家重新裝修前，實際排油煙效果仍然非常良好。

基於廚房裝修之美觀考量，很多居家之廚房排油煙皆裝設 T 型排油煙機，由於 T 型排油煙機之本體風壓降較大，螺旋槳式風車之風壓難以勝任；因此，普遍採用風壓較高之離心式風車，來改善排油煙性能，實際排油煙效果也比傳統排油煙機好很多。

　　居家廚房排油煙機通常會採用方便銜接之軟風管，這對於排油煙功能會打折扣，尤其是排煙路徑較長時，風管壓降大幅增加，會使得排油煙之風量大幅減少，影響廚房排油煙效果。

　　當排煙路徑較長時，廚房設備廠商也許會建議串聯中繼風車來克服風管壓降，這是非常不好的建議，因為會增加中繼風車之保養負擔；事實上，居家廚房排油煙設置中繼風車，通常不會去保養，如果中繼風車因積油、加上電線走火，會有引發火災之風險。

　　筆者 2015 年居家重新裝修時，裝設 T 型排油煙機，廚房設備廠商採用軟風管來配置排油煙路徑，由於排油煙路徑較長、而且有三個 90º 彎頭，設備廠商建議串聯中繼風車，來避免排油煙效果不良。

　　筆者找來風管包商，將軟風管改成空調工程常用之硬風管，在沒有串聯中繼風車之工況下，排油煙效果就已非常良好，廚房設備廠商還因而詢問哪裡可以買空調工程常用之硬風管。

　　實務上，當排油煙路徑較長時，應該盡可能採用硬風管來減少風管之風壓降，軟風管僅適合用來銜接排油煙機之一小段風管、而且必須避免拐折，來減少風管之風壓降。

廁所排氣聲音為什麼那麼大？

　　廁所通風排氣是室內環境控制之重要項目，用來避免廁所之尿騷味與臭氣累積疊集，對於使用率不是很高之居家或飯店客房廁所，其實尿騷味與臭氣之汙染源並不大，大部分廁所排氣之功能，是用來讓新鮮空氣得以順利進入室內，藉以稀釋室內建材產生之甲醛與其他氣狀汙染物。

　　當廁所排氣設備啟用時，經常會發生很大之噪音，其實這個時候的排氣設備，可能只是空轉、產生噪音而已，沒有發揮實際之排氣功能！當然，排氣之風量也有可能還有 10%，室內環境品質不至於非常遭，寬容的使用者因而忽略排氣不良之問題！

　　對於共用排氣管道之居家或飯店客房廁所，管道會成為汙染傳遞路徑，如果其中一間廁所有人抽菸，其他廁所有可能都會聞到煙味，這種交叉汙染之現象，即使裝設止逆風門也無法完全避免，使得當層獨立排氣之廁所通風設計蔚為風行。

　　廁所採用當層獨立排氣設計時，單位需求之排氣量往往很少，配合小排氣量需求之排氣設備（譬如多功能浴廁暖風機或如意型排氣機等），小風量風車之風壓很小，當排氣設備之排氣阻力增加時，實際排氣量會大幅減少、噪音則明顯提高。

　　廁所排氣設備因排氣阻力增加而產生噪音之原因，通常來自於兩種情形：一是排氣風管彎曲拐折不順暢，二是排氣出口有頂風現象。

排氣風管彎曲是便宜行事之風管施工所造成，實務上如果採用軟風管來銜接排氣設備時，軟風管必須盡可能拉直、來避免風管彎曲拐折，尤其是銜接排氣風車出口之風管，一定要配置足夠長度之直管（直管長度至少要相當於風管直徑），來減少風車出口擾流，藉以減少風車系統效應壓降，避免風車之性能（風量與風壓）下降、噪音提高。

　　排氣設備之排氣口發生頂風現象，大部分來自於建築物外牆之側風，實務上由於建築物之風向會隨季節而變，裝設在外牆之排氣口，很難完全避免頂風現象；因此，排氣口不應直接裝設在外牆上，而應該有破除側風之機制（譬如裝設在陽台之側邊），如排氣口一定要裝設在建築外牆上、沒有其他適合之位置時，那排氣口本身必須有破除頂風之功能。

　　小型排氣設備通常會採用方便銜接風車之軟風管，這對於排氣路徑較長之個案，風車之實際排氣功能將會打折扣；因此，當風車之排氣路徑比較長時，應該盡可能採用硬風管來減少風壓降，軟風管僅適合用來銜接排氣設備之一小段風管，實際裝設軟風管時，也必須盡可能將軟風管拉直、避免轉彎，才能讓排氣設備發揮期待功能。

遙控開啟汽車天窗的妙用？

夏天陽光普照時，暴露在大太陽下的車輛，車內溫度可能高達 50°C 以上，要進入車內啟動引擎、開啟冷氣時，必須忍受異常之高溫，當車內溫度稍降、進入車內時，還必須承擔車體內裝因高溫所釋放之化學氣體，非常不利於車內人員之健康。

有些人建議在開車前，先打開右後車門、並啟閉搖擺左前車門多次，可以利用外氣將車內之高溫空氣推擠到車外，並順便排除車內之化學氣體，這種做法雖然可以改善車內環境，但操作上非常麻煩。

事實上，開車前要降低車內之高溫環境，最有效的方法是開天窗，讓車內熱空氣由天窗排出，只是要進入車內啟動引擎、再開天窗，當車內溫度高達 50°C 時，短短時間就足以讓人非常難受，而且還會吸入車內因高溫而散發之化學氣體。

汽車自動化是未來之趨勢，可以在車外遙控啟動汽車引擎、並開啟冷氣，當車內溫度達舒適條件後再進入開車，可以解決曝曬太陽而造成車內高溫之問題，但卻無法排除車體內裝因高溫而散發之化學氣體；因此，汽車天窗應該具備遙控開啟功能，來免除夏季開車時，車內環境之高溫與化學氣體。

汽車配備遙控開啟天窗之功能，除了可以迅速降低車內溫度外，也可以將車內之化學氣體排除；因此，汽車即使具有遙控啟動汽車引擎、並開啟冷氣之功能，也應該配備天窗、並具備遙控開啟天窗之功能。

窗戶玻璃為什麼都是水？

　　當外氣溫度突然下降時，林口台地的住宅大樓，翌日清晨會發現窗戶玻璃都是水、結露非常嚴重，筆者的林口居家就發生這種情況（如下圖），唯一豁免的是緊鄰後陽台房間之窗戶。

　　窗戶玻璃結露這種情形，也許台灣平地並不多見，但林口台地之氣溫會比週邊城市低 2°C 左右、再加上迎風的玻璃表面溫度較低，竟然像寒帶地區一樣有玻璃結露的問題！

　　清晨起床，必須清除玻璃的霧水再去上班，其實是很麻煩的是，寒帶地區的建築，玻璃窗必須考慮斷熱功能，甚至連外牆都必須有保溫披覆來避免結露滴水，林口台地的住宅大樓雖然外界環境溫度沒有像寒帶地區那麼低，但已經會造成玻璃結露，就必須考量玻璃窗斷熱問題。

筆者在看房子時都會問玻璃窗是否採用斷熱玻璃（如雙層真空玻璃），一方面是想要避免玻璃結露、另一方面則是要減少夏季冷氣熱負荷，結果得到的解釋普遍都強調採用 Low E 玻璃，以為 Low E 玻璃就是斷熱玻璃，實在令人遺憾！

　　高房價的新住宅大樓竟然普遍沒有採用斷熱玻璃窗，甚至包括冬季經常發生玻璃結露滴水的林口台地建築！這是建設公司與建築師不用心，還是買房者不知道要求，建設公司因而便宜行事！當然，買房者普遍對建材並不內行，這是不是要靠建築法令來要求？

　　或許設計者覺得斷熱玻璃不是很重要，反正玻璃不是經常會結露滴水，採用可以大幅減少輻射熱之 Low E 玻璃就可以了！

　　如果以節能減碳的角度來檢討，玻璃的冷氣熱負荷包括太陽輻射熱與傳導熱，傳導熱對於台灣夏季設計條件雖然僅占 20%（另外 80%是輻射熱），然而並非整個夏季日夜皆是陽光普照，玻璃窗上方之雨遮也有遮陽效果，輻射熱雖然很大、但並不是一直很大，Low E 玻璃能遮掉 50%之輻射熱通常也能被接受，至於玻璃的傳導熱負荷，只要外氣溫度高於室內環境之溫度，玻璃之傳導熱仍然持續存在，其實對於玻璃之冷氣熱負荷，玻璃傳導熱之占比是會遠高於 20%的。

　　總而言之，斷熱玻璃除了可以用來避免玻璃結露滴水外，對於減少冷氣熱負荷也有相當之效益，在推動 Low E 玻璃來降低太陽輻射熱時，利用斷熱玻璃來減少玻璃傳導熱，兩者同樣是很重要的節能工作。

地板反潮怎麼辦？

下雨濕冷氣候突然轉晴時，因雨水蒸發而濕度提高之外氣滲入室內，造成地板潮濕、甚至積水，報章雜誌總是報導居家環境「反潮」很嚴重，空調專業從業人員心中會打個問號？這不是地板結露嗎？那來的反潮？

結露是表面溫度低於周遭空氣露點溫度的自然現象，露點溫度是空氣因降溫而開始結露之溫度，當空氣之含水量越高時，露點溫度也將越高。

當室內空氣露點溫度高於地板表面溫度時，地板自然會結露，地板磁磚溝縫積水，並不一定是地板磁磚溝縫有水滲出，可能是因為地板結露後，不吸水的磁磚露水聚集而形成水滴，水滴自然流向比較低的磁磚溝縫。

下雨濕冷氣候會使得建築物表面溫度維持很低狀態，當天氣轉晴出大太陽時，室外雨水會快速蒸發，空氣含水量持續增加，使得室外空氣之露點溫度因而大幅提高，如果此時的外氣進入室內，室內之空氣露點溫度將明顯高於地板表面溫度，建築物表面自然產生結露現象，牆面看不到水痕是因為牆面會吸水，或許牆壁升溫較快也會減少結露現象，當牆壁表面為瓷磚等不透水建材，將會發現水滴流向地板的水痕，如果建材採用高熱容量的厚混泥土，結露滴水之情形將更嚴重！

「結露」並不是「反潮」，台灣報章雜誌提到的反潮，是不專業的記者面對外行的讀者所誤用的名詞。

在上海地區營建地下室時，必須在地下室底層之地板施作不透水層，而且在一定面積之四周必須施作排水

溝，避免不透水層承受過大之水壓，於是我們可以清楚看到地下室底層之地板有很多排水溝蓋，如果沒有這樣施作，地下水壓將透過地下室底層地板、而形成反潮，那是因為黃埔江的水位高於地下室底層之地板，地板必須承受黃埔江高水位之水壓所致；台灣鮮少有上海這種地理條件，真正造成反潮的機會少之又少，但在季節更迭時，結露現象則經常會發生。

筆者住家為部份含地下室的一樓建築，地下室有高於地面之氣窗，因此有三種不同條件之地板，一是與大地相鄰之地下室地板、二是與地下室相鄰之一樓地板、三是與大地相鄰之一樓地板，當地下室與一樓之窗戶常開，室外露點溫度因雨後天晴、突然大幅提高時，讀者覺得那個地板結露會最嚴重？

讀者試想：當高露點溫度之室外潮濕空氣滲入室內時，三種不同條件之地板表面溫度都不同，與大地相鄰之一樓地板溫度最低、結露也最嚴重，與地下室相鄰之一樓地板，由於表面溫度很容易趨近室外乾球溫度，基於乾球溫度恆高於露點溫度，因此結露現象沒有與大地相鄰之一樓地板來得嚴重，至於與大地相鄰之地下室地板，由於地下水有冬暖夏涼之恆溫特性，地板表面溫度受地下水溫之影響，地下室地板之表面溫度是三者中最高，因此鮮少發生地板結露的現象。

當室外空氣濕度較低時，引入外氣進行通風可以提高室內之地板表面溫度，來減輕地板結露問題；但當室外空氣濕度較高、露點溫度高於室內地板表面溫度時，開窗引入外氣進行通風，地板結露現象反而會更嚴重！

解決地板之結露問題，最有效的方法是儘可能使建築物保持氣密，並啟用室內之除濕設備。

室內除濕設備之型式包括冷卻除濕之冷氣機、冷卻除濕再熱之除濕機與化學除濕等，針對地板結露問題之解決，化學除濕無疑是最有效之方式，但會使室內乾球溫度大幅提高，並不適合有溫度高限之場所。

對於外氣普遍濕熱之地區（如台灣），冷卻除濕是經常採用之方式，可以同時達到除濕與冷卻目的，但會使地板表面溫度更低，當冷卻除濕設備關掉時，些微之外氣滲入就會造成地板再結露！

冷卻除濕再熱之空氣處理，可以降低地板鄰接空氣之露點溫度，地板之表面溫度也不致於降低，可以確實解決地板再結露之問題。

家用除濕機就是冷卻除濕再熱之模組化電器設備，但由於除濕容量很小，除非是臥房等小面積之空間，往往無法滿足實際的除濕需求，較大建築空間之除濕，必須選用足夠除濕能力之設備（如吊掛除濕機）。

避免地板結露積水，如果改用冷卻除濕後再熱之設備，冷卻除濕再熱之熱源，宜引用冷凝器之熱量，如果以電熱進行再熱，將耗用很大之電能；對於僅能採用電能做為再熱熱源之個案，如果能改用冷卻除濕後再進行化學除濕之系統，可以減少 60% 之電能消耗量。

化學除濕可以將空氣之潛熱轉換成顯熱，也就是對空氣除濕、同時提高空氣溫度；因此，化學除濕可以減輕冷卻除濕之負擔，冷卻除濕之冰水溫度就不需要那麼低，同時可以減少、甚至免除再熱之雙重能源耗損。

地下室漏水防治經驗談

筆者木柵居家地下室，當時建築施工開挖時，周邊泥土是乾燥的，在這種狀態下，建築施工者自然便宜行事、忽略確實做好防水施工，完工後使用數年也都沒有發生問題。

後來鄰戶建築施工開挖地下室，當鄰戶完成地下室連續壁時，筆者居家的地下室入口就開始漏水，上網找專業防水廠商進行責任施工，防水廠商花了兩個多月進行多次施工，仍然無法止漏，最後進行測試地下水位，發現水位竟然高於地下室地板 1m，由於地下室樓板僅低於地表面 1.5m，也就是低於地表 0.5m 深都是水，難怪地下室嚴重漏水到無法施作防水！

釜底抽薪的方法，必須降低地下水位，來提供防水施作之環境，防水廠商於是挖了 2m 深的陰井，利用抽水泵強制排水，最後才解決了地下室防水問題。

筆者尋思：鄰戶建築之地表高於筆者房子 0.5m，如果地下水順著地表高處往低處流，鄰戶施作連續壁應該會讓筆者居家地下室之地下水位降低才對，地下水位怎麼會提高呢？

事實上，地下水不一定順著地表從高處往低處流，有可能地下水脈之流向與地面坡度相反，筆者之地下室就碰到這個情況。

後來筆者修繕地下室入口時，特別交代室內裝修公司之監工，注意地下水位高達 1m，一定要確實做好防水，但可能監工發現開挖出來之泥土很乾燥，便宜行事

而沒有確實進行防水施工，在完成數月後因陰井抽水泵故障，整個地下室全部淹水。

這件事情暴露室內裝修公司缺乏標準作業流程，監工未經檢討就擅自更改施工方式，事後室內裝修公司答應無償修繕。

室內裝修公司找來有很多防水處理經驗之泥水師傅，泥水師傅檢視漏水痕跡後第一個防水提案是高壓灌注，筆者心想：「這泥水師傅到底懂不懂防水？是不是看到高壓灌注解決漏水個案，就奉高壓灌注為防水聖經！」因此急著特別強調地下水位高達 1m 是全面漏水的原因，現在陰井抽水泵讓地下水位降低至地面以下，所以現場僅看到漏水痕跡，應該地板與 1m 高之壁面全面進行防水處理才是。

俗語說：「醫生怕治咳、泥水師傅怕抓漏。」筆者判斷室內裝修公司與泥水師傅並不是真的很了解防水，只是有一些防水處理經驗而已。

筆者擔心室內裝修公司雖然答應無償處理，但防水花太多錢處理後，會要筆者補貼一些費用！還好高壓灌注防水處理非常貴，室內裝修公司最後才沒採用。

泥水師傅第二個防水提案是陰井防水，筆者一聽覺得莫名其妙，設置陰井的目的是要降低地下水位，怎麼可能從陰井防水著手，如果陰井與大地隔絕，那陰井還有功能嗎？又不是陰井之湧泉造成地下室漏水！

筆者於是強烈反對，並提案應從地板與 1m 高之壁面全面進行防水處理，因而造成爭執不休，筆者甚至被形容成與泥水師傅八字不合，其實筆者是秀才遇到兵、

有理說不清，更無法理解室內裝修公司對於防水處理，怎麼這麼沒有概念！

最後室內裝修公司的定案是：「陰井防水與地板、壁面全面進行防水，兩者同步進行。」由於室內裝修公司已答應無償改善，筆者就不想再多說，事實也證明陰井防水一點效益都沒有，徒增改善時間而已。

在進行地板與壁面防水時，筆者提醒些微漏水之潮濕面必須採用水泥砂漿防水材，樹酯類之彈性防水膠只能用在乾燥面，但檢視整個防水施工過程，筆者之提醒明顯未被採用，因為幾天後些微漏水之潮濕牆面逐漸長出水球、而且持續滲水，而且形成另外一片潮濕牆面。

筆者心想，已經施工這麼久還無法改善，趁著連續半個月的好天氣，地下水位應該會比較低，乾脆自己買防水劑試看看，於是在特力屋賣場選購了水泥砂漿防水材，並將地下室漏水壁面之水球剔除，這時候才發現水球周邊之彈性防水膠厚度竟然達 10mm 之譜（應該是非常多次施工的結果），由於 10mm 厚之彈性防水膠，以簡單的刮刀已經很難剔除，為了確保施工效果，只好花很多時間來盡可能增加剔除面積。

其實另一塊些微潮濕之壁面，彈性防水膠很容易就剔除，因為防水膠下面是補土、補土已經受潮，這是很嚴重的錯誤施工，彈性防水膠一定要塗佈在乾燥水泥或是乾燥防水劑之表面，怎麼可以塗佈在補土表面！

筆者將彈性防水膠與補土剔除、並儘可能將補土刷乾淨，調好水泥砂漿防水材後，塗佈在清除乾淨之混泥

土壁面，24 小時後檢視防水施工狀態，效果出奇的好、表面乾燥無漏水！

但第三天再觀察，原來漏水壁面之水球處，水泥砂漿防水材在混泥土壁面（剔除乾淨部分）與彈性防水劑防水處理之銜接處產生裂縫而漏水，另一塊些微潮濕之壁面則維持乾燥無滲水。

再次證明防水處理必須以水泥砂漿防水材施作防水，確認完全無漏水後，才能塗布彈性防水劑。

為了解決漏水問題，筆者只好將水泥砂漿防水材裂縫處剔除、並盡可能擴大剔除面積，表面清潔後再重新塗布水泥砂漿防水材。

由於氣候適逢雨季來臨，部分牆壁之地下水位因離排水陰井太遠而上升，水泥砂漿防水材因持續滲水而無法乾固，雖然壁面滲水狀態已經大幅減少、但終究無法保持乾燥狀態，心想必須等到年底雨季結束才能完成防水作業。

降雨量太少而造成水庫存水量大幅減少，這種天然旱災竟然給筆者帶來方便，清明節前一周持續天晴，防水劑竟然乾了，水泥砂漿防水材乾了就發揮防水功能，心想：如果水泥砂漿防水材表面再塗佈彈性防水膠，至少應可維持數年不滲水。

由於工作忙碌，加上地下室其實也是閒置、沒有使用，而且沒有持續漏水，於是後續彈性防水膠之塗布處理就暫時擱置，很快過了六年了，壁面仍然維持乾燥、無滲水狀態，無意中又增加了防水處理之專業能力。

檢修口怎麼那麼醜!

　　很多高級場所花大錢施作美輪美奐的室內裝修,期待讓使用者賞心悅目,卻在天花板布設了很突兀的檢修口,雖然檢修口之設置絕對必要,但也應該顧及室內裝修之協調性。

　　左圖為無框之檢修口、右圖則為有框之檢修口,無論是採用有框檢修口或無框檢修口,其實都會嚴重破壞室內空間之美觀、非常難看,這應該進一步檢討才對!

　　針對暗架天花板裝修,可以利用矽酸鈣板之銜接處設計成造型板塊,不但漂亮、也不會有矽酸鈣板銜接處裂縫問題;至於明架天花板,礦纖板本身就是檢修口,是不需另外設置檢修口的。

　　筆者住房在進行室內裝修設計時,要求室內設計師要美化檢修口,不要出現一般普遍看到的有框檢修口或無框檢修口,起初室內設計師認為有框檢修口或無框檢修口只能二選一,但經筆者參與檢討,最後利用明架天花板之概念,設計矽酸鈣板檢修口,終於克服天花板面之美觀與設備檢修需求。

客房利用裝設室內冷氣機之天花板降板空間，設計成如下圖天花板構造，略似明架天花板之暗架天花板，部分用來安裝燈具與冷氣遙控接收器，並預留必要之檢修口，檢修口看起來很順眼，並不會有突兀之現象。

　　客廳、餐廳與書房之三台冷氣室內機安裝，餐廳之天花板採用降板設計，冷氣室內機則裝設在餐廳之天花板降板空間內，並利用天花板之造型設計，規劃多只三角形造型（如下圖），其中三只三角形造型則做為冷氣室內機之檢修口。

至於平面天花板設計之主臥室，配合矽酸鈣板之尺寸，設計成大網格之天花板造型，配置對稱之燈具與偵煙探測器等，並預留必要之檢修口，改善一般過於單調之平面天花板設計，看起來相當素雅協調好看，可以簡化矽酸鈣板與矽酸鈣板銜接之防裂施工，免除產生接縫施作失敗而產生裂縫、不雅觀問題。

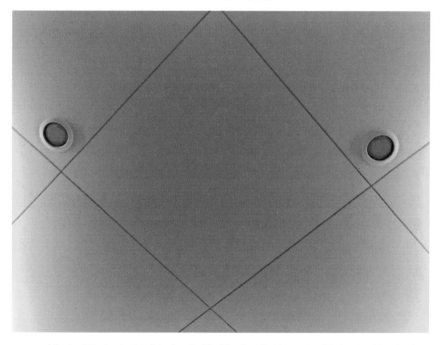

　　筆者居家之建築室內裝修完成後，天花板面終於沒有突兀的檢修口，室內設計師也因而感謝筆者的建議，認為可以提升了室內設計之價值。

便宜行事的建築管道施工

　　筆者有一次回林口居家，一打開大門就聞到濃厚煙味，第一時間的反應是：有鄰居在廁所抽菸！事後經住戶管理委員會宣導後，已經聞不到濃厚煙味。

　　為什麼？當初購買房子時，建設公司不是強調採用當層獨立通風排氣嗎？現在的建築物不是已經越來越氣密了嗎？鄰居抽菸的煙味怎麼會跑到你家？一連串的問號？

　　的確，現在的建築物是越來越氣密，但那是指窗戶的氣密度、鋁窗比木造窗戶氣密，現在的鋁窗基於隔音要求、又比廿年前的鋁窗氣密很多；當然，正常標準的施工，混泥土牆與磚牆也是氣密的，只是對於廁所的管道間，必然有管線穿越，如果穿管後之填縫不確實，管道間將使各樓層的廁所空氣相通，當有人在廁所抽菸，其他樓層必然聞到煙味！

　　怎麼會是這樣？穿管後為什麼不確實填縫！？這是很多台灣建築的普遍現象，只有房價高、水電施工品質經常沒有到位！

　　事實上，建築施工也好不到那裡去！絕大部分的管道間是在混泥土角牆以 L 形砌磚而成，砌磚管道間內側一定沒有水泥粉光！？

　　由於建設公司交屋時，浴室會釘天花板來遮蓋水電管線，那天花板上面的管道間，說不定連管道間外側都沒有水泥粉光！因為施工者心想：反正天花板釘起來就看不到了！

這種管道間有縫隙、不氣密的問題，絕對不是特殊個案，而是建築物普遍發生的通案，而且還有更離譜的個案，浴廁天花板上面之管道間，連砌磚都沒到上樓層的樓板！

1997 年，筆者還在中 X 顧問任職時，中央聯合辦公大樓南棟已完工數年，但水電工程一直無法結案，原因是消防排煙檢查一直都沒有通過。

這是非常尷尬的事情，因為消防署總部就在中央聯合辦公大樓南棟辦公！

真是情何以堪！中 X 顧問負責中央聯合辦公大樓南棟之 PCM 工作，由於責任難卸，同仁為此事吵鬧不休，甚至惡臉吵架！

地面十二層、地下兩層之中央聯合辦公大樓南棟，其實在 1985 年就已完工，據中 X 顧問同仁轉述，當時消防排煙系統的驗收標準很簡單，承包商開啟消防排煙風機時，消防檢查人員正在抽菸（當時室內還沒有禁止抽菸），於是對著排煙口吐香煙，檢視香菸煙霧確實被排煙口吸走就宣布驗收完成。

當時中央聯合辦公大樓南棟的排煙系統併在水電標，雖然由當時規模頗大之水電工程公司「X 順行」承包，但水電工程公司對排煙系統相當陌生，只能直接轉包給通風工程包商。

由於是水電標，負責該案的中 X 顧問鍾性同仁也是消防、給排水背景，對消防排煙系統一知半解，驗收團隊最內行的是對風車與風管似懂非懂的消防人員，離譜的驗收標準並不令人意外！

很不幸，1995 年 2 月 15 日台中衛爾康餐廳發生大火，導致 64 死 11 傷的慘劇，政府在民意壓力下，陸續修訂各項法規，如「消防法」、「建築技術規則」、「公寓大廈管理條例」等，並將消防事務自警察機關獨立，間接促成內政部消防署之成立。

該案水電承包商「X 順行」尚未收到尾款時，消防單位就開始確實執行消防排煙檢查，中央聯合辦公大樓南棟於是一直無法通過消防排煙功能檢查，造成水電承包商完工將近十年都收不到尾款。

水電承包商於是提出申訴，由當時的國有財產局副局長召開檢討會，中 X 顧問因而臨時換懂消防排煙的李姓承辦人（空調技師），或許中 X 顧問在檢討會時被業主檢討把關不確實，李姓承辦人據實呈報排煙系統之問題，因而造成李技師與鍾姓同仁惡臉相向，部門經理只好再換另一位資深李姓承辦人（也是空調技師），但排煙問題仍然一直無法解決，最後部門經理指示筆者前去收攤。

當筆者接任中央聯合辦公大樓南棟 PCM 的首次會議，主席（國有財產局副局長）開議：本來我對消防排煙不懂，開了那麼多次會，現在卻已經成為專家，本來想退休，但本大樓消防排煙一直無法解決，真的不知道如何退休？這是消防署的總部耶！這件事情中 X 顧問應負全責。

坐在筆者隔壁的是中 X 顧問建築部本案 PCM 負責人，卻不敢發聲解釋，筆者只好硬著頭皮發言：本案有 X 陸工程承攬建築營造、X 順行承攬水電消防、陳 X 寬

建築師事務所總管設計、X 開電機技師事務所負責消防排煙設計，中 X 顧問僅負責服務費最少的 PCM，應該是大家共同負責吧！

主席很生氣地說：這不是服務費高低的問題，而是責任歸屬的問題。

筆者一時啞口無言，心想難怪同仁會惡臉相向、會吵架，原來這差事真的很難辦！

空氣僵直一段時間後，主席：我看你是第一次參加檢討會，今天就到此為止，中 X 顧問負責檢討消防排煙之問題所在，下週相同時間再開會。

筆者終於鬆了一口氣，回公司第一件事就翻開建築圖與消防排煙系統設計圖查看，一看圖才發現排煙量要能滿足法規之要求才有鬼！因為排煙風車與進氣風車設計風量都僅 $4m^3/s$，消防排煙風車之設計風壓也沒有特別高！

該案消防排煙管與進氣管分別都是建築的混泥土與磚造管道，管道阻力壓降一定非常大，排煙口風量一定沒辦法滿足 $4m^3/s$ 之法規風量需求。

事實上，消防排煙法規要求 $4m^3/s$ 之風量，風車之設計風量一定要大於 $4m^3/s$，至於大多少才夠？那要看排煙風門與進氣風門的氣密度程度，譬如採用氣密度 Class I、Class II 或 Class III 之風門，也要一併檢討排煙風管的氣密度。

要代表中 X 顧問盡到 PCM 的責任，怎麼辦？已經完工多年了耶！改善的預算在那裡？心想：一定要找到爐主幫忙出錢改善。

隔週開會當下，主席一開始就要筆者的檢討報告，筆者解釋：經過詳細的檢討，當初的消防排煙系統的風量與管道面積設計的剛剛好。

主席：風量與管道面積設計的剛剛好，為什麼風量沒辦法滿足法規要求？

會場上安靜一段時間後，終於有人提出排煙管道有消防水管。

主席：排煙管道為什麼會有消防水管？是設計單位將消防水管設計在排煙管道嗎？

其實設計單位設計之消防水管另有管道，只是管道空間太小，於是承包商將消防水管改到排煙管道。

在主席震怒下，承包商雖然急著解釋消防管對排煙量影響非常小，但沒有人敢幫腔，筆者暗喜：爐主終於找到了！

主席裁示如筆者預期：要水電承包商 X 順行配合 PCM，負責檢討消防排煙之解決方案。

實際上，建築設計者將結構樑藏在管道間內，在建築圖上看到的管道間尺寸有 50cm，實際尺寸卻只有 20cm（因為結構樑佔了 30cm），消防管按裝空間因而不夠，難怪消防管會裝設在排煙管道內！

其實在考量建築坪效時，建築結構樑不應該藏在管道間內，結構樑下方空間仍然可以使用，結構樑藏在管道間內會造成無效空間，如果結構樑一定要設計在管道間內，那管道間尺寸必須加大！

該案之水電工程尾款拖了將近十年、開了無數次檢討會，仍然沒有得到結論，當天 X 順行徐老闆於是親自

參加，結果主席竟然裁示：排煙無法通過消防檢查之問題，負責施工之 X 順行必須負最大責任。

消防排煙系統之問題檢討，中 X 顧問突然從球員變成裁判，筆者帶著愉快的心情回到公司，才一下子就接到 X 順行老闆徐先生的電話，懇求筆者高抬貴手。

筆者在電話中解釋：我沒有那麼偉大啦！在合法的範圍內，我一定盡量減少貴公司的損失就是。

接續上次檢討會，主席要求 X 順行提出解決方案，會場頓時竊竊私語、但無定論，筆者於是提議：請 X 順行將地面層及地下一層之排煙口與進氣口密封，再開啟排煙風車與進氣風車，量測地下二層之排煙口與進氣口風量，同時量測排煙風車與進氣風車之風量，依風量數據來尋求解決方案。

主席終於友善的對待中 X 顧問：這才是 PCM 的角色。

再經過一週的會議中，我檢視四個風量數據，排煙口：$0.5m^3/s$、進氣口：$4.0m^3/s$、排煙風車：$4.0m^3/s$、進氣風車：$16.0m^3/s$，心想：第二位爐主要出現了！果然主席看到量測資料後震怒：$4.0m^3/s$ 的排風量剩下 $0.5m^3/s$、$16.0m^3/s$ 的進氣量剩下 $4.0m^3/s$，其他的風量跑到哪裡去了？

這個時候使用單位馬上抱怨：測試時，很多樓層的廁所天花板都被進氣掀開了！

筆者檢視進氣風車之量測風量數據，發現竟然高達 $16.0m^3/s$ 覺得不可思議？經了解發現這是消防排煙檢查無法通過時，水電承商賴到風車廠家的結果，風車廠商不知道換了幾次風車才換成 $16.0m^3/s$ 這麼大的風

車？！風車廠商試圖用較大之進氣量來推排煙口之排煙量，殊不知當真的發生火災時，會將煙霧推到各樓層，造成更大之建築安全問題。

多次開消防排煙檢討會時，經常聽到 X 陸工程與會者的抱怨：根本沒建築營造的事，卻要浪費時間持續陪大家開會！

真的沒建築營造的事嗎？那排煙測試時，廁所的天花板為什麼會被掀開！？管道間一定沒氣密對不對？

經現場勘查後，發覺天花板上部之管道間砌磚沒有水泥粉光、甚至誇張到沒有砌到頂！筆者心想：管道間裡面也一定沒有水泥粉光，混泥土或磚造管道間是不可靠的，不但有洩漏之虞、風壓降也會非常大。

我想這個時候水電承包商一定鬆了一口氣，因為第二位爐主已經出現了。

台灣的房子雖然很貴，但施工品質普遍非常草率，只要看不到就會有便宜行事的施作問題，筆者經常看到釘了天花板就免去磚牆水泥粉光之工序、管線穿越牆面也沒有確實填縫的狀況。

筆者心想：X 陸工程是台灣之優質建設公司尚且如此，那我林口的房子管道不氣密就沒甚麼好奇怪了！

商店街的人行道怎麼那麼熱？

　　八月下旬、立秋過後的日子，晚餐後在林口重劃區街廓慢走，感覺夏天還沒過完、已經涼爽許多。

　　秋天近了，室外之氣溫已經不會像夏天那樣，白天熱、晚上也熱，但走到 X 雄造鎮的寬廣街廓時，馬上感覺到：商店旁人行道怎麼那麼熱？原來是街廓旁商店的冷氣所造成！

　　冷氣不是會讓人覺得涼快嗎？怎麼會反而比室外氣溫還熱？檢視後發現：因為街廓旁的一樓商店，都將分離式冷氣的室外機裝在門口兩旁的外牆上，冷氣室外機上方剛好是建築物的外推樑，大部分熱空氣無法順利散至大氣而聚集在門口，造成冷氣機之負荷提高、製冷容量與效率下降，商店普遍將兩台以上之室外機上下疊集，造成冷氣散熱量聚集更嚴重！

有些店家更誇張，將冷氣室外機推疊在一起，散熱已經非常差，還在冷凝器排氣口設置廣告布簾，如果冷氣機容量不是裝設非常大，夏季之室內溫度一定很高！如果能源單位有管制冷凝器進風溫度與外氣溫度之溫差，這種情形一定不會發生。

分離式冷氣的室內機將室內照明、人員與設備的發熱量移出，交由室外機、連同冷氣壓縮機的壓縮熱，全部散到街廓上，難怪街廓會那麼熱！這種情形其實是環保問題，環保單位應該出來管一管。

這種冷氣的設置方式，不但會造成街廓行人的不舒服、也會影響一般人到商店消費的意願，而且還會大幅增加商店的冷氣負荷與冷氣機耗電量！

不管針對環境控制或節能減碳，都應該避免將分離式冷氣機的室外機掛在商店街的一樓外牆上；進一步檢討，環保署與營建署應該立法禁止冷氣室外機裝在鄰街廓的一樓外牆才是！至少必須高於地面 3m 才合理，能源局也應該管制冷氣室外機進風與大氣之溫差。

不能將分離式冷氣機的室外機裝在商店街的外牆上，那商店的冷氣怎麼辦？夏天很熱耶！

這個議題對於環境控制來講，其實非常簡單，只要順利將冷氣機的熱量散到大氣即可；但對於節能減碳就不簡單，必須依不同個案選用不同的冷氣機型式、甚至採用不同的空調冷氣系統設計。

X 雄林口的個案堪稱造鎮，涵蓋文化二路至文化三路與仁愛路至四維路，四條大馬路之廣大街廓，臨著大馬路建造多棟超高層住宅大樓，各棟大樓中間則建造超大面積之中庭。

臨馬路與中庭的一樓，除公設外都規劃成商店，每個商店都在門口裝設了氣冷分離式冷氣機，負責散熱的室外機如果裝設在二樓，對環境的影響還可接受，如果是裝在一樓，鐵定無法充分將冷氣機之熱量散至大氣，會造成周邊環境溫度大幅提高，夏季、甚至春秋季走在街道上覺得很熱，就不足為奇了！

那該怎麼辦？對夏季濕熱的環境加熱！要如何解決街道環境熱上加熱的問題？

如果是建築規劃設計之初，採主、副樓搭配設計，副樓採低樓層設計，副樓之屋頂可供冷氣設備配置散熱裝置（如分離式冷氣之室外機），那問題就變得簡單許多；如果仍維持全部高樓層設計，那散熱裝置應該擺設在屋頂、或二樓以上之露台，至少必須擺設在二樓以上之陽台，而且必須避免熱島效應之形成。

　　如果建築採高樓層設計為主體，除了頂樓外、沒有其他露台，那必須設計副樓來擺設散熱設備與冷源中心，由冷源中心提供冰水到每個商店，來解決街廓與中庭熱上加熱之問題，也可以藉此大幅降低空調冷氣設備之耗電量，如果建築群中有飯店或大型餐廳，還可以利用冷源中心冰水機散熱設備之熱能回收，來減少熱水之加熱能源消耗量。

　　事實上，花時間了解空調系統的建築師少之又少，通常把空調系統想成很簡單的冷氣，根本不了解冷氣設備的特性，於是加重濕熱環境惡化的個案就比比皆是，更別談利用冷源中心來解決冷氣的問題了！

　　更深一層來檢討，面對普遍喜歡擁有、不喜歡共有的商店，應該由環保署與能源部訂定法令，限制熱島效應的形成，譬如規定冷氣室外機之進風溫度不得高於外氣溫度 1°C，評估報告並納入建照申請的環評重點，來避免公眾使用之街廓熱上加熱，讓空調設計者有足夠建築空間來配置適當之冷氣散熱裝置，藉以改善街廓環境因冷氣設備而惡化，並減少冷氣設備之耗電量。

公共廁所為什麼那麼臭？

　　管理不善、通風不良的公共廁所，充滿尿騷味與大便臭味也許是常態；對於自動沖水、而且每天定時清理的公共廁所（如台灣捷運車站），雖然聞不到廁所尿騷與大便臭味、但卻經常聞到嗆鼻的漂白水味道，漂白水雖然是殺菌劑，但飄散之漂白水對廁所使用者來說，也是汙染氣體，筆者心想：清理廁所是不是應該在打烊後進行！

　　通風無疑是廁所防臭的基本必要設施，設置良好通風的廁所，基本上是不容易有惡臭的，對於清理廁所之漂白水氣味，也可以利用通風快速移除。

　　有開窗的廁所，自然通風可以避免臭味累積，沒有開窗的廁所，或是使用頻率很高的公共廁所，設置機械通風是必要措施，而且必須以每小時 12 次以上之換氣次數來設計通風系統。

　　有些飯店等高級場所的廁所會裝有冷氣、甚至在小便斗鋪上冰塊，來避免尿騷味隨空氣飄散，免得顧客覺得不適。筆者常想：一定要這樣處理嗎？難道沒有更好的方法？

　　在廁所裝設冷氣來降低尿騷味之飄散，再由排氣口排至室外！這種耗能的設計，其實並不符合廿一世紀節能減碳趨勢。

　　在小便斗置放冰塊，雖然可以避免小便斗之尿騷味飄散，但會增加管理成本與能源費用，畢竟冰塊也是耗用很多能源製造出來的。

室內環境必須設計足夠之新鮮空氣與排氣，合理的廁所環境控制，應該設計排氣設備與通風路徑，來稀釋廁所之臭氣才對。

　　針對廁所環境之臭味改善，有些會增加通風量之設計（如台積電之公共廁所將通風量增加為每小時 20 次之換氣次數），來減緩臭味之累積。

　　對於小便斗一列排開之公共廁所，在天花板裝設排氣口，其實很難將尿騷味完全排除，況且汙染源經由使用者之鼻孔、再由天花板排氣口排除，根本不符合直接排除汙染源之通風設計邏輯；因此，也有設計者在小便斗附近設置排氣口來提高通風效率，這種通風設計似乎比較合理。

　　筆者常想：如果能在汙染源（小便斗或馬桶）直接排氣，不是就可以大幅提高通風效率嗎？為了改善廁所之室內環境品質，大家是不是應該選用設有排氣口之小便斗與馬桶！

　　市面上的負壓馬桶具有在汙染源直接排氣之功能，對於廁所之環境控制，一定會有幫助，那對於尿騷味普遍很重之小便斗，其實更需要設計具備負壓之小便斗；實務上，廁所如果設計每小時 12 次之通風換氣，6 次用來將汙染源臭氣直接排除，另外 6 次由天花板排氣來避免廁所之臭氣累積，廁所之環境品質將會很好，根本不需要設計冷氣或置放冰塊來避免尿騷味擴散！如此才能兼顧環境控制與節能減碳。

設想不周全之盥洗設施？

對於馬桶、洗臉台、蓮蓬頭、甚至小便斗之選用與安裝，很多人只著重在廠牌與型號，頂多選擇可靠之水電技工，筆者仔細觀察非常重要的盥洗設施之設計，卻經常被忽略，造成使用者非常不方便。

由於衛生器具之操作方式並沒有統一，很多人在進住飯店時，沖澡區之盥洗設施包括蓮蓬頭、水龍頭與花灑，必須花一點時間才能知道如何操作？其實設計者應該選用很容易了解之盥洗設施。

洗臉盆（或洗手台）之水龍頭，不同型式之操作方法會有很大差異，傳統方式採用螺旋式龍頭，後來有抬啟式龍頭，現在大部分都採用扳手式龍頭，可以快速開啟與關閉，很多公共場所採用感應式龍頭，只要把手伸到水龍頭下，便會自動出水，使用者不用碰觸水龍頭，可以減少病菌之交叉傳染，是相當好之設計概念。

扳手式龍頭之水溫與水量操作方式不盡相同，但只要容易理解其操作方式，用在公共場所並無太大問題，但有些特殊水龍頭，會讓使用者不知如何使用？好不容易弄清楚如何使用後，卻沒有機會再使用（因為已經退房、離開飯店了），其實在設計時就必須預防這些問題。

某建設公司在公共廁所之洗手台換上按押式龍頭，外觀精美、操作簡潔，按押出水、再按押關水，但筆者首次使用時，卻花上兩分鐘才會操作，有一次發現水龍頭全開、沒關，筆者順手關閉龍頭後心想：一定是使用者不知道如何關閉龍頭？無獨有偶，有一次清潔人員還

詢問筆者如何操作這個按押式龍頭？其實這種按押式龍頭，僅適合用在私人廁所、並不適合用在公共廁所，如果裝設在公共廁所，會讓每位使用者都必須歷經學習操作過程。

　　福爾摩沙第一高爾夫球場之盥洗室，採用單一螺旋式冷熱龍頭，造成調低水溫時、水量很小，調大水量時、水溫非常高，有時候水溫還會突然驟升、造成水溫超高，使用上非常不方便、也很不舒服，尤其是夏天會讓人熱的受不了；其實並不是單一螺旋式冷熱龍頭有問題，而是單一螺旋式冷熱龍頭之冷、熱水壓力必須相近，由於熱水管路之壓降較大而設置加壓泵、但冷水卻沒有加壓泵，造成熱水壓力遠高於冷水壓力，無法調降水溫就不足為奇了！如果冷水幹管尺寸不夠大，當有其他人啟用冷水時，冷水量還會再減少，造成溫度偏高之熱水，溫度再驟升之狀況！

　　筆者有一次進駐馬來西亞喜來登大飯店，建材相當高級美觀，但盥洗室沖澡區竟然只有花灑、沒有蓮蓬頭，不知道設計者是怎麼想的，難道洗澡一定要洗頭嗎？

至於右圖之洗臉盆看起來精緻美觀、但不實用，因為洗臉盆不一定用來注水洗臉，有可能用來洗手、甚至沾溼毛巾，水龍頭之出水口不應該太靠近邊緣，否則水容易濺出，使用時也很容易碰觸盆壁而交叉汙染，底部太平之洗臉盆，污物也不容易順利排除。

　　水龍頭型式之選用，必須依照洗臉盆的大小，讓出水口在臉盆靠近人員三分之二左右之位置，使用上才會比較方便，至於洗臉盆之選用，排水口不能在水龍頭出水處，底部則應有適當之洩水坡度，以利於污物排除。

　　對於公共廁所之小便斗配管設計，很多人將沒有考慮水流順暢與美觀之軟管按裝視為常態（如左下圖所示），其實應該加以改善才對。

　　左圖選用太長之軟管，勉強裝在有限之空間內，很明顯是便宜行事的傑作，不但造成拐折不雅觀，水流也很不順暢，合理的安裝應該像右圖，選用適當長度之軟管，以 S 錯管方式銜接，看起來比較美觀，水流也比較順暢；進一步檢討，自動芳香器如果能夠和小便斗對齊，看起來會更美觀，那自動芳香器在製造時，出水口應該偏位、而不是在正中央，這樣才能配合 S 錯管之配管施作需求。

熱水池的熱水溫度為什麼那麼低？

在溫室效應帶來氣候極端異常的廿一世紀，筆者經常說：氣候極端異常的地球，有一天連台灣的台北市區都會下雪！

2016 年 1 月 23 日，台北真的下雪了！或許有人糾正：「這不是下雪，是冰霰，因為氣溫沒有低於 0°C。」但看起來真的像下雪，至少林口、龍潭、楊梅... 到處都看到積雪。

筆者當天與某工程顧問同仁入住東北角之東森溫泉會館，天冷絕對是泡溫泉的好日子，心想可以好好享受舒服的熱溫泉。

當筆者進入東森溫泉會館之溫泉設施時，發現溫泉溫度竟然僅 37°C！

溫度這麼低的溫泉怎麼泡？室外溫泉池空蕩無人、其實在室內溫泉池泡久也會感冒！這是很扯的事情，溫泉會館耶！

陽明山、烏來、礁溪或知本等溫泉區之泉源溫度通常會高達 70°C 以上，傳統溫泉系統會用沉澱池兼做為降溫機制，慣用的 CPVC 管，溫降也不會像不銹鋼管那麼大，自然不會太在意溫泉管路的溫降。

如果是冬天氣溫非常低之室外溫泉池，甚至來自泉源溫度僅 40°C 左右之溫泉井，溫泉系統必須另外設置熱泵來進行加熱時，那溫泉管路之溫降就不能等閒視之了！東森溫泉會館的溫泉溫度，在寒流來襲的冬天之所以會偏低，主要原因即是溫泉管路之保溫不足所致。

熱水管路採用 3mm 或 6mm 保溫披覆之不銹鋼管，管路之溫降已經非常大，對於溫泉慣用沒保溫之 CPVC 管，那溫泉之溫降將更大，當碰到冬天寒流來襲時，溫泉之溫度會低於 37°C 就不足為奇了！

礁溪鳳凰酒店的戶外溫泉池溫度偏低，負責改善之工程公司請筆者前去勘查改善，現場飯店工務一見面就抱怨：甚麼溫泉再熱？越再熱溫度越低！

礁溪鳳凰酒店之溫泉設施分別由兩家承包商施作，該工程公司負責建置熱泵，來提供溫泉再熱之熱源，溫泉再熱之熱交換器與溫泉配管則由某大三溫暖設施公司負責。

筆者檢視熱交換器之進、出溫度，熱交換器熱源側之進、出水溫度為 50°C、40°C，熱交換器溫泉側之進、出溫泉溫度則為 40°C、30°C；很明顯，熱交換器之趨近溫度高達 10°C，造成偏低之 40°C 溫泉池再熱溫度。

筆者進一步檢視溫泉池之溫泉進、出溫度，發現進入溫度 32°C、出口溫度 37°C；很明顯是沒保溫之 CPVC 管，在氣溫很低之冬天，致使溫泉之再熱溫度從 40°C 降低至 32°C！

筆者心想：要不是有持續高溫之溫泉飼水，溫泉池之溫度根本無法維持在 37°C，但戶外溫泉池在寒冷的冬天時，37°C 之溫泉溫度也實在太低！

無獨有偶，某飯店在建置溫泉三溫暖熱水池時，筆者在發包規範增加熱水管保溫，完工後現場檢視卻發現沒有施作保溫，原因是施工廠商建議：「CPVC 管沒有人保溫的，追減 CPVC 管之保溫施作，是幫貴公司省錢。」

這家施工廠商就是礁溪鳳凰酒店之三溫暖施工廠商，明顯用錯誤之習慣當理由提出建議，結果不但增加耗能，而且造成冬季三溫暖熱水池之水溫偏低。

利用熱泵製熱時，合理之溫泉系統再熱設計，熱交換器之趨近溫度不應超過 2°C，CPVC 管至少必須有 20mm 之保溫，那溫泉之再熱溫度可以高達 47°C 左右，不但溫度不會偏低，還可以適度調降熱泵之操作溫度，來提高熱泵之運轉效率、降低耗電量。

採用鍋爐製熱之溫泉系統再熱設計，CPVC 管沒有保溫所造成之熱損失，雖然還可以維持一定之高溫，但會增加能源耗用量，也會造成機房溫度偏高，在節能減碳之廿一世紀應該加以導正。

一般三溫暖熱水池或溫泉池，不論採用不銹鋼管或 CPVC 管，管路之保溫厚度都不應該小於 20mm，一方面是節能減碳、另一方面則是確保熱水或溫泉之溫度不至於偏低；如果採用熱泵設備來進行溫泉之再熱時，應盡可能降低熱泵之熱水出水溫度，藉以提高熱泵之運轉效率，這樣才能讓熱泵充分發揮省能源費用之效益，同時避免熱水或溫泉之溫度偏低。

總而言之，熱水管之保溫厚度必須足夠，尤其是露明管、甚至經由室外之配管，傳統不銹鋼保溫披覆管僅 6mm、甚至 3mm 是不及格的，沒保溫之 CPVC 管會更糟糕，20mm 之保溫厚度是基本需求，無論是公共熱水池或溫泉池、還是居家之熱水配管，其實都應該遵循正確之保溫規範。

為什麼停車場會那麼熱？

對於車輛進出頻繁之公共停車場或商場停車場，汽車引擎之大量排熱沒有迅速排除，造成停車場環境之熱量疊集，使得夏季溫度往往高達 50°C、甚至更高，這是很誇張的現象！

由於大部分停車場企圖利用誘導式通風機來替代排氣風管，藉以降低停車場的高度，殊不知誘導式通風機接力之通風設計，僅能排除停車場之一氧化碳、無法排除熱量，夏季停車場之環境溫度偏高是必然的！

傳統停車場之通風系統採用排氣風管，可以即時排除車輛產生之汙染物與熱量，停車場之環境溫度得以趨近室外溫度，頂多會比室外溫度高一些而已。

如果停車場之建築高度有限，無法裝設排氣風管，那排氣管道必須與進氣路徑錯開，來減少通風死角，停車場之環境溫度也不致於高達 50°C。

停車場之車道入口是自然進氣口，也是無法避免之進氣路徑，排氣管道不能設計在車道入口旁或附近，否則排氣風車會抽到車道入口之外氣，造成排氣風車通風短循環，無法對停車場進行有效通風。

排氣管道應盡量設計在車道入口之對角，讓停車場車輛入口之自然進氣，經由停車場再由排氣風車移除，來減少停車場之通風死角，減少汽車引擎之排熱在停車場內部空間疊集，如果停車場仍然還有通風死角，應該布設排氣風管與排氣口，利用誘導式通風機來破除通風死角，其實是沒有辦法將熱量排除的。

汽車玻璃為什麼瞬間起霧？

筆者有一次到桃園縣政府停車場停車，適逢室外溫度突然下降、車體表面溫度很低，進入停車場時竟然汽車玻璃瞬間全部起霧！

汽車玻璃起霧，前進可以啟動雨刷除霧，對行車之安全還好，但停車場是要倒車入庫的，筆者只好下車看好停車格，然後憑感覺停車！心想：如果因而發生車體碰撞，是不是可以依國家賠償法申請賠償？

讀者試想：公共停車場的車輛進出相當頻繁，汽車引擎之發熱量很大，通風系統必須將熱量迅速排除，否則停車場溫度大幅提高的結果，除了悶熱讓人難以忍受外，也會蓄積水分含量，致使停車場之露點溫度大幅提高，如果停車場因車位不足，致使巡車找車位之車輛增加，問題將會雪上加霜！

桃園縣政府停車場之狀況絕對不是個案，因為絕大部分的公共停車場之通風系統，都沒有將車輛產生之熱量與水氣迅速排除。

台灣很多停車場為了降低建築高度，因而採用誘導式風車通風，殊不知完善之誘導式通風也僅能排除一氧化碳，對於汽車引擎之大量排熱與水氣，仍然會累績在停車場內。

事實上，汽車引擎燃燒做功之過程，只有燃燒不完全才會排出一氧化碳，引擎除了表面會產生大量之熱量外，引擎排氣主要為熱量、二氧化碳與水氣，熱量與水氣之排除，無疑是停車場通風系統之重點工作。

在氣候極端異常之世代，氣溫經常驟變，潮濕氣候造成停車場濕度居高不下，當外氣溫度驟降時，車體表面溫度很低之車輛進入停車場，車體表面會迅速結露，包括擋風玻璃、車窗與後照鏡都無法豁免（如下圖）。

　　車體表面全部結露之情形，這將會嚴重影響行車安全，尤其是進行倒車入庫之停車時，這種行車安全問題不應該等閒視之！

　　停車場之汙染物來自於汽車引擎，除了一氧化碳與二氧化碳外，還包括水氣與汽車引擎之排熱，對於燃燒完全之汽車引擎，引入氧氣進行燃燒做功，車輛會持續排出二氧化碳、水蒸氣與熱量，對於嚴重通風不良之停車場，熱量加重水蒸氣之疊集，停車場環境之濕度必然

會大幅偏高，車體表面溫度很低之車輛進入停車場，車體表面迅速結露是必然的。

如何避免車體表面迅速結露？改善停車場之通風效果是唯一方式。

由於停車場車道入口是自然進氣路徑，在建築設計時，如果能夠將排氣管道設置在車道入口之對角，來減少停車場滯留空氣，車體表面迅速結露之現象就可以大幅減輕。

停車場有嚴重通風不良之情形，大部分都來自於排氣管道設置在停車場車道入口旁，造成停車場之排氣通風短循環，加上無效之誘導式風車，無法真正改善停車場之通風問題。

改善停車場通風不良之方法，應該設計排氣風管，利用排氣口將引擎產生之熱量與水氣即時排除，一氧化碳與二氧化碳濃度自然也不會偏高，如果停車場高度不足、無法裝設大量排氣風管，至少必須將排氣管道設計在車道入口對角，或設置排氣風管來減少通風死角。

在氣候驟變的世代，氣溫有可能突然驟降 $20^{\circ}C$ 以上，即使是車輛進出不頻繁之住宅或飯店停車場，停車場蓄積之水氣量，已足夠讓進入停車場之車輛表面結露起霧，影響停車之安全。

停車場因通風不良而溫度偏高，只會讓暴露在停車場之人員不舒服，但濕度偏高則會造成進入停車場之車輛，汽車玻璃瞬間全面起霧，這會影響停車之安全的；因此，停車場通風系統之改善，拒絕採用誘導式風車，絕對是刻不容緩的工作，不應該等閒視之！

如何設計停車場通風？

　　台灣對於非開放型停車場明確規定每平方公尺之排氣量不得低於 25CMH，建築設計時，必須提送停車場通風計算資料供相關單位審查，至於通風效能則無驗證機制，建築師為了降低造價，會盡可能減少停車場之建築高度，大部分停車場僅能裝設誘導式通風機搭配排氣風車設計，殊不知停車場必須排除之汙染物除一氧化碳外，還包括二氧化碳與碳，況且汽車引擎之大量排熱與水氣必須迅速排除。

　　設計完善之停車場誘導式通風僅能排除一氧化碳，那二氧化碳與碳之汙染物怎麼辦？汽車引擎之熱量與水氣又如何排除？如果是車輛進出不頻繁之住宅或飯店停車場還好，生意很好之商場或公共停車場，環境溫度一定會大幅偏高。

　　實務上，停車場之通風量不應限定在每平方公尺 25CMH，而應視車輛進出頻率不同而設計不同之通風量，對於住宅之停車場，每平方公尺 25CMH 通風量是偏高之設計值，但對於車輛進出頻繁之商場或公共停車場，每平方公尺 25CMH 之通風量則必須達標，如果再設計不恰當之通風系統，停車場溫度偏高之環境絕對會惡化！

　　或許國人對環境品質之寬容度很高，不在意水氣、二氧化碳與碳，但夏天停車場溫度偏高絕對是必須解決的問題，如果以誘導式通風機搭配排氣風車來設計，對於車輛進出頻繁之商場或公共停車場，夏天停車場溫度

高達 50°C 絕對不是新聞，某知名賣場之附設停車場，就無法接受高達 50°C 之高溫，而尋求環境改善之措施，利用大型風車來替代誘導式風車，讓停車場之溫度得以趨近於外氣溫度。

讀者試想，在溫度高達 50°C 之大型停車場，要走出停車場之感覺如何？如果取車時記不清楚停車位置，那又如何？

在車位不足之都會停車場，眾多尋找車位之車輛來回巡車，溫度偏高問題將雪上加霜！也會讓車體之冷氣機效率大幅度下降。

對於車輛進出頻繁之商場或公共停車場，只有採用傳統風管排氣或適當之排氣管道，才能來改善停車場環境溫度過高之問題。

至於停車場水氣、二氧化碳與碳粒（黑煙）之汙染物排除，還必須分別設置頂部與底部排氣，以頂部排氣來移除比空氣輕之水氣、一氧化碳，底部排氣則負責移除比空氣重之二氧化碳與碳粒。

停車場通風系統之操作方式，通常以定時來自動操作排氣（或進氣）風車，藉以減少風車馬達之耗電量，這種風車操作方式是有改善空間的；如果能將 60Hz 之排氣風車馬達降頻操作在 40Hz，並以 1.5 倍之操作時間來補償通風效果，風車馬達之耗電量將可減少 55%，也可以減少停車場熱量與水氣之疊集。

正確誘導式通風機之設計，不應該用來替代排氣風管，而是針對進氣無法分布到位之停車空間，以誘導式通風機接力來補償通風死角，減緩停車場之環境惡化。

筆者檢視過很多的停車場通風，誘導式通風機之射程大部分無法達到下一台誘導式通風機入口，使得誘導式通風機短循環，形成「假議題，真生意。」之資源浪費，也使停車場之通風效果大打折扣。

　　實務上，誘導式通風機之氣流射程取決於風口之風量與風速，有些停車場採用均布之吊掛格柵出口通風機（無誘導效果），將會成為「假議題，真生意。」，無實質通風效果。

　　很多個案在進氣可以順利到達之空間，也布設了吊掛格柵出口通風機，形成在不需要誘導通風之空間，布設沒有誘導通風效果之吊掛格柵出口通風機，不但花錢裝沒有誘導通風效果之通風機，日後還繳電費操作沒有通風效果之通風機！

　　對於停車場高度不足、無法裝設排氣風管之停車場通風變通設計，停車場之進氣口與排氣口應該錯開；由於停車場車道入口是必然之自然進氣路徑，排氣管道應該設計在停車場車道入口之對角，來減少通風死角。

　　對於停車場通風死角，如果在通風死角適度設置排氣風管與排氣風口，就可以免設或減量設置誘導式通風機，也可以利用排氣風口來即時移除停車場之熱量與水氣；如果停車場高度不足，即使僅設置 10%風量之排氣風管與風口，通風效果也會比誘導式風車好非常多。

為什麼室內空氣品質會那麼差？

台灣室內空氣品質管理法已經通過了，施行細則也於 2012 年 11 月 23 日施行，並同時訂定 IAQ（室內空氣品質）之標準，內容包括室內環境之二氧化碳濃度、甲醛、TVOC（總揮發性有機化合物）、CFU（落菌數）、PM2.5（懸浮細微粒）及 PM10（懸浮微粒）之限制，立法的精神值得喝采！

對於 IAQ 普遍不佳之建築物，如果不大幅檢討空調系統設計之不當，想落實室內空氣品質管理法，著實令人懷疑是否緣木求魚？

如果要落實室內二氧化碳濃度之限制，首先必須確保外氣引入量是否足夠？台灣有很多空調系統僅設計外氣引入設備、無排氣機制，因而造成新鮮空氣無法送入室內，那室內二氧化碳濃度偏高問題自然成為常態！

現今之建築物門窗氣密相當好，為了避免室外噪音傳入室內而緊閉窗戶，加上台灣之建築物空調系統普遍沒有設置排氣風車與排氣風管，因而造成室內二氧化碳濃度偏高的病態建築比比皆是。

二氧化碳濃度偏高代表氧氣濃度不足，當氧氣濃度偏低（一般低限為 17%、最好不要低於 19%）時，會讓人昏昏欲睡、無法集中精神工作；因此，限制室內空間之二氧化碳濃度，有其實際需求與必要性。

IAQ 除二氧化碳濃度不能偏高外，還包括建材釋放之甲醛、TVOC 等氣狀污染物之限制等，針對人員密集之場所，二氧化碳濃度可以做為 IAQ 的指標，二氧化碳

濃度偏高代表室內其他汙染物亦偏高，代表對人體危害之警訊！至於懸浮細微粒之限制，如果是大陸沙漠飄來的微塵粒或燒煤等汙染的霾害，室外活動者對肺部會構成一定的傷害，引入之外氣一定要經過過濾，但是室內之微量懸浮微粒是否要循環過濾，那就見仁見智了。

　　美國對室內環境品質之要求，空調設備必須設置MERV13（相當於 90%塵點效率）之空氣過濾網，就是要減少室內之微量懸浮微粒，那 FCU（風車盤管）與分離式冷氣機怎麼辦？MERV13 之效率屬頂級之中效率空氣過濾網，其風壓降很大、按裝也必須有相當的空間，FCU 與分離式冷氣機是不可能按裝的；事實上，產生懸浮微粒不高之室內空間，其實是沒那麼嚴重，冷卻樑板空調系統逐漸被美國普遍採用就是明證。

　　針對 IAQ 之二氧化碳與氣狀汙染物限制，慣用 FCU之空調冷氣系統，必須由外氣空調箱將新鮮空氣送入每個空間，外氣給得少會影響 IAQ、夏季外氣給得多會大幅增加能源消耗量，應該有嚴謹的外氣分布與平衡機制，才能兼顧室內空氣品質與空調系統節能。

　　對於室內顯熱負荷較高之場所（如人員密集的會議室、商場或餐廳等），應該設計可以引入大量外氣來進行自然冷卻之空調箱，當氣溫較低之春秋季節，大量引入外氣不但可以降低空調系統之耗電量，室內空氣品質也會更好；至於室內空氣品質之 CFU 限制，則必須靠空調系統來控制適當之室內相對濕度，減少黴菌與塵蟎之孳生繁殖，不足部分再考慮利用殺菌設備來降低室內環境之 CFU。

您必須利用著衣量來調整冷熱舒適度！

1980 年代筆者在中 X 顧問從事設計工作，那時候電腦還不普遍，除了繪圖員有專用電腦外，工程師只能共用電腦，大門入口之通道擺設五台電腦給工程師用。

中 X 顧問機械部辦公室設置多台之 FCU 冷氣，設計者認為便於管理，將 FCU 之三速開關（附溫控器）統一設置在電腦密集之大門入口通道處，造成電腦密集之大門入口通道溫度明顯高於辦公室內部空間。

筆者經常占用這五台電腦的其中一台，工作之餘順便觀察同仁的進進出出的動作，發現有些同仁覺得辦公室裡面工作環境之室溫太低，就到通道把溫控器設定值調高一點，通道空間的電腦操作環境於是變得很熱，在通道使用電腦的同仁就把溫控器設定值調回低一點，但過沒多久，辦公室裡面工作的同仁又過來把溫控器設定值調高一點，如此反反覆覆循環，筆者的工作環境就像洗三溫暖、忽冷忽熱，實在無法忍受，於是與同仁溝通：能不能用衣服來調整個人冷熱的感覺？

早期 FCU 之溫控器設置在操作面板是不對的，應個別設置在 FCU 設備回風處，因為在公共空間裡面，每個人的冷熱感覺不會一樣，況且台灣的辦公室環境相對濕度普遍偏高，無法用流汗來自我調解冷熱的感覺，那有人覺得太冷、有人覺得太熱，絕對是必然的現象，如果加上同一台 FCU 涵蓋區域之熱負荷不同，每個人的冷熱感覺之差異將會更大！變通之解決方式，只能將溫度設定在著正式服裝的所有人不覺得熱之環境。

著夏季服裝的人可能會覺得冷，那怎麼辦？筆者的答案：覺得冷的人，多穿件衣服就好了，讀者或許覺得筆者的觀念不符合節能減碳！但環境太熱會影響工作，這是沒辦法的！

如果是休閒或是運動場所，那沒關係！太熱流汗有益身體健康，不舒服、沖個澡就好了，但辦公室的環境需要工作效率，將溫度設定在讓所有人都不覺得熱，是不得已的措施，況且大部分辦公室都沒有沖澡設施，太熱流汗吹冷氣而感冒怎麼辦？

如果要考量節能減碳，那應該改善空調系統設計，避免工作環境之相對濕度偏高，室內環境之相對濕度不應超過 60%RH、最好控制在 50%RH 左右，提供人員流汗蒸發冷卻之室內環境，來讓大部分人員都不會覺得太熱或太冷，那室內溫度設定在 26°C、甚至 28°C 也沒關係，絕大部分著夏季服裝的人員都不會覺得太熱！

台灣氣溫通常不會很冷，但近年來氣候極端，熱時很熱、冷時很冷，冬季暖氣環境控制逐漸成為必須建置之項目，那冬季室內環境應控制在何種條件？

冬季室內設定溫度應適當配合著衣量來補償，避免室溫設定過高而耗能，在人體表面風速不超過 0.25m/s 的情況下，穿襯衫在 25°C 之環境下會覺得很舒服，加上夾克則可以處於 21°C 的環境下而不覺得冷，但如果再加上外套，即使處於 15°C 的環境下仍然可以接受。

至於設定多少溫度才合理？營建署建築技術規則的設計溫度 22°C 可以當參考，實務上只要能滿足適量著衣時不覺得冷即可。

為什麼要設計低檔度玻璃建築？

　　寒帶地區為了降低冬天空調暖氣之耗能，因而發展帷幕玻璃建築、並蔚為風潮，部分台灣的建築師不明就裡就仿效、複製，結果造成夏季溫度高達 40℃ 以上之誇張環境！

　　利用玻璃採光可以減少照明之耗電量，但會增加空調冷氣之負荷與耗電量，在夏季濕熱之台灣，也許減少了 10 度的照明耗電量，但卻增加 100 度的冷氣耗電量，結果不是省電、而是增加 90 度之耗電量。

　　設計適當之玻璃窗來採光與通風是必要的建築設計，那如何減少玻璃之冷氣熱負荷？這要從三個方向著手：一是遮陰、二是採用 Low E（低輻射）玻璃、三則是採用真空斷熱玻璃，前兩者用來減少輻射熱、後者用來減少傳導熱。

　　寒帶地區之建築設計，會採用真空斷熱玻璃來避免玻璃結露，同時減少寒冷冬季之熱損失，夏季之玻璃傳導熱自然不多；熱帶或亞熱帶地區之建築設計，如果沒有採用真空斷熱玻璃，夏季將會有源源不斷之傳導熱經由玻璃進入室內。

　　讀者或許認為玻璃之傳導熱並不多，夏天也僅僅是太陽輻射熱的 20% 左右，不過這是指陽光普照之西側、南側或東側，如果是天氣很熱的夏天，在晚上、北側或是陰天時，玻璃傳導熱之比率其實是很高的。

　　對於住宅之採光與通風，絕對是建築設計之重點工作，但也不是越多玻璃越好，除了低檔度窗戶之下段玻

璃沒有效益、只會帶來負擔外，也不應該設計太多之窗戶，否則會造成室內裝修之負擔。

筆者看過部分住宅之建築設計，在主臥室之兩面牆皆設計低檯度窗戶，讀者試想：包含浴廁之主臥室，一面牆設計出入口門扇、另一面牆鄰接浴廁門扇，那床頭擺那理？鄰接門扇與浴廁皆不合適，其他兩面牆都有窗戶，那是不是要封掉一扇窗戶？

採光與通風是建築設計之重點項目，不同建築周遭環境會有不同需求，古代建築密度很低，建築之窗戶不需要很大，對於當代建築密度很高之都會區，建築物需要較大之開窗面積，但開窗面積也不是越大就越好，太大之玻璃面積是會增加冷氣負荷的。

低檯度窗戶、甚至帷幕玻璃之建築，並不適合經常需要冷氣之台灣地區，太多的玻璃面積不但會大幅增加冷氣負荷，過多的太陽光也會造成光害，如果因為太熱或光害而用窗簾來擋住玻璃，那反而會因而失去玻璃自然採光之功能！

低檯度窗戶之空間，當桌面靠牆擺設時，必須小心碰撞玻璃，使用上其實很不方便，有些室內裝修設計師會直接利用裝修材料封閉下段玻璃，很明顯暴露低檯度窗戶之缺點；既然普遍要封掉下段玻璃才方便使用，那為什麼還要設計低檯度窗戶？

低檯度窗戶之住宅建築，直接利用裝修材料來封閉下段玻璃，當室內環境之相對濕度偏高時，有可能因而結露滴水，還必須在玻璃封閉前先貼上隔熱材料，才能免除結露滴水之風險！

應該改善之低檯度玻璃建築！

　　遮陰是減少玻璃冷氣熱負荷最有效之方式，但由於太陽輻射之角度會因時段而不同，如果將低檯度窗戶或帷幕玻璃分成上段、中段與下段三部分，對於西曬之玻璃遮陰，下午兩點之太陽也許就足以直射下段玻璃，在下午四點時之中段與下段玻璃則全部暴露在太陽直射範圍;換句話說,玻璃遮陰對上段玻璃很容易達到目的、中段玻璃之效益會減少、下段玻璃則很難遮陰。

　　2010 年代以來蔚為流行之低檯度窗戶建築，其實與帷幕玻璃建築一樣，會增加相當多的冷氣耗電量，儘管利用樑柱外推之雨遮來遮陰，那也僅僅對上段玻璃有明顯效果，或許中段玻璃是為了觀賞室外景色，那下段玻璃為那樁？如果是寒帶地區是用來採暖，那熱帶地區有甚麼好處？為了改善大面積玻璃承受風壓之結構，而在中段玻璃設置窗框、剛好擋住觀賞室外景色之視角，那是不是非常離譜！

　　Low E 玻璃僅能減少 50%左右之輻射熱，當太陽直射人體表面時，人員一定覺得非常熱，尤其是室內環境之相對濕度偏高時會覺得更熱，如果為了避免下段（或中段）玻璃之太陽直射而啟用窗簾，那將會失去所有玻璃之採光功能（包括上段玻璃）！

　　台灣傳統建築之會在離地 80cm 以上開窗，窗檯剛好比桌面高 10cm 左右，無論是採光或視野都很好，當桌面靠牆時，窗檯之空間也可以置放物件，那為什麼要改成低檯度窗戶！筆者實在無法接受，讀者認為如何？

利用冷氣回風口兼檢修口！

　　筆者看過很多飯店客房，出風口設在浴室通道與床鋪空間銜接處，以側吹形式吹向床鋪空間，回風口則設置在室內冷氣機之風車進風處，同時兼做檢修口用，大部份使用者看多了，竟然覺得很正常！

　　讀者試想：室內冷氣機之聲音那裡最大？室內冷氣機之風車進風處對不對？便於檢修而將回風口設置在室內冷氣機附近！是不是不在意客房噪音？絕對不是不在意客房噪音對不對？那是不是該檢討冷氣回風口的位置了！

　　讀者如果觀察實際個案會發現，有九成以上都設有回風口、而且絕大部分的室內冷氣機回風口都兼做檢修功能，那還要求噪音不能太高有何意義！

　　為了方便設備檢修，檢修口一定要做，至於檢修口位置，當然要靠近設備才方便維修，但必須盡量封閉、不應該兼做為冷氣回風。

　　對於明架天花板之辦公室，如果出風口型式與配置適當、無冷氣死角，對於氣流分布來說，回風口設在那裡都沒關係，大部分設計者會將回風口設計在冷氣室內機旁邊、便於檢修設備。

　　冷氣室內機旁邊設置回風口，那是不是不在意冷氣室內機之噪音！其實對於環境噪音控制來說，回風口不應兼檢修口，因為檢修口靠近設備、噪音最高；換句話說，當出風冷氣分布良好時，回風口除了檢修口位置不適合設置外，設置在那裡都沒關係。

不當使用之線條型風口！

對於中央空調冷氣系統來說，使用者看不到冰水主機、冷卻水塔、冷卻水泵與冰水泵，甚至連空調箱、風車盤管、冰水管與風管等都安裝在使用者看不到的機房或天花板內，使用者看得到的往往只有空調冷氣系統的出風口與回風口。

出風口與回風口是空調冷氣系統的終端元件，與使用者最接近、也最重要，即使是箱型冷氣機、分離式冷氣機、甚至窗型冷氣機也一樣，如果風口型式選用錯誤、安裝位置錯誤或施作不良，冷氣效果將會大打折扣。

1980 年代的辦公大樓流行裝設燈具出風口，在天花板高度僅 2.3~2.7m 的辦公室，由燈具出風口吹出之冷風還來不及擴散，就已經招呼在出風口正下方的辦事員，會讓辦事員冷得受不了，因而拿透明膠帶貼滿出風口成為那個年代的特殊景觀。

事隔卅年，住宅、商場、飯店客房、宴會廳、西餐廳、甚至飯店大廳，竟然都裝設了固定導風片的線條型出風口、甚至線條型回風口！

針對天花板高度僅 2.5m 左右之住宅、飯店客房或餐廳等場所，採用側吹之線條型出風口，可以達到很好冷氣分布效果，如果在天花板高度僅 2.5m 的餐廳裝設下吹的線條型出風口，出風口下方的顧客那受得了！

難道沒有其他型式之風口可以選擇了嗎？室內裝修的設計師喜歡線條型出風口，覺得比較美觀，真的沒有同樣美觀、甚至更美觀的風口嗎？

堅持採用線條型出風口，結果因為顧客抱怨而在出風口下方裝上透明壓克力板（如下圖所示）：

上圖為某五星級飯店之餐廳冷氣出風口，在出風口下方裝上透明壓克力板，這種頭痛醫頭、腳痛醫腳的處理方式，設計者為什麼不回頭想想，是否該選用其他比較合適之出風口？

筆者經常看到頂級飯店與餐廳還持續設計線條型下吹出風口？理由是室內設計師堅持的！那空調專業人員跑到那裡去了、怎麼沒有意見？設計線條型下吹出風口，那空氣分布怎麼辦？這種錯誤的出風口設計，應該適時糾正才對。

如何正確選用冷氣風口？

　　暗架天花板面通常裝有圓形燈具、圓形擴音器與圓形偵煙探測器等，那為什麼不能裝圓形出風口？其實圓盤形擴散出風口、筒燈型出風口或圓形噴流型出風口也很美觀，為什麼一定要設計線條型出風口？下圖所示即為相當美觀之圓形出風口。

　　左圖為圓盤形擴散出風口，可以視空調冷氣之分布需求，即時調整出風口之圓盤高度，當圓盤調整至低位時，冷氣將水平吹向天花板，適用在天花板高度比較低（如 2.5m 左右）之冷氣出風；當圓盤調整至高位時，冷氣將垂直往下吹，可以用在天花板比較高（如 4m 以上）之冷氣出風。

　　針對天花板比較高之場所，亦可選用筒燈型出風口或噴流型風口，中圖所示之筒燈型出風口，其構造簡單、外型很適合暗架天花板；右圖所示之噴流型風口，可以視需要調整出風方向，除了用在下吹出風外，亦可用在 3.5m 左右之側吹出風。

　　當然，線條型出風口也很多用途，譬如設計側吹出風之居室，但對於沒有高低差之天花板，只能選用下吹之出風方式時，如果因為室內設計之風格，必須選用方形出風口，亦可選用線槽型出風口，利用線槽出風導風

片來調整適當之出風角度，藉以改善冷氣分布問題，讀者可以由下圖分辨線條形風口與線槽型風口，左圖為線條形風口、右圖則為線槽型風口。

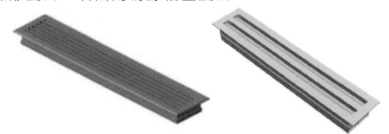

　　筆者看過很多室內裝修設計師將餐廳設計成外圍低、內圍高之立體天花板，外圍天花板高度降低來提供室內冷氣機等設備之吊裝空間，內圍天花板高度拉高來減少壓迫感，空調冷氣系統利用外圍與內圍天花板之垂直高差來裝設線條型風口，左側做為出風、右側則做為回風，結果冷氣出風直接短循環至回風口，本來冷氣僅需裝設 1.5RT 就已足夠、卻裝設了 2RT 還不冷，當有外牆、甚至大面積景觀玻璃之外圍區則更糟糕！

　　讀者試想：如果外圍區天花留有回風路徑、以開放式天花來替代回風口，冷氣效果將大幅改善，也可減少風口之採購成本。

　　在天花板高度很高之宴會廳或飯店大廳等場所，很多個案會在天花板裝設線條型出風口與回風口，由於線條型出風口之冷氣射程有限，冷氣會因射程不足而短循環，冷氣效果將因而大打折扣，如果能夠在 3.5m 左右高度之牆面裝設側吹噴流型出風口，將可大幅提高冷氣效能，而且可以減少冷氣之涵蓋空間、減少上部空間產生之冷氣負荷；當牆面無法裝設側吹出風口時，亦可設

計適當風速之下吹筒燈型出風口，提高出風口之冷氣射程，來避免冷氣因天花板回風而短循環。

至於天花板高度有限之辦公室，以方形天花擴散型出風口搭配明架天花板無疑是最佳選項，至於出風口間距與風速之設計，應隨天花高度與出風口導風片角度而變，天花高度越高時、出風口間距與風速可以相對增加、出風口導風片角度越平時、出風口間距亦可增加。

對於變風量之直流無刷風車盤管（FCU）或 VAV 空調冷氣系統，出風口之導風片不應垂直向下，而是應將冷風導向天花板、避免冷氣負荷降低、風量減少時，冷氣擴散範圍大幅減少。

因此，針對變風量之空調冷氣系統（包括直流無刷 FCU 或 VAV 空調冷氣系統），必須避免選用側吹出風口，否則出風口之射程會因風量減少而縮短，影響冷氣之分布，選用下吹型式之出風口時，出風方向也必須吹向天花板（如線槽型風口或圓盤型風口），來減緩風量減少時之冷氣分布不均。

總而言之，出風口除美觀外、應扮演冷氣分布之角色，不同天花高度應布設不同之出風口型式、間距與風速；至於空調冷氣之回風，應儘可能以開放式天花來替代回風口，藉以減少風口之採購費用。

為什麼到醫院看病回來反而更嚴重！

　　除非是抵抗力非常好的人，否則一定會有感冒到醫院看病、越看越嚴重的經驗，其實這種情況沒甚麼好奇怪的，很清楚是看病時被醫院的病菌感染了！

　　如果你本來只有鼻子過敏、流透明鼻水，看完病後反而流黃色鼻涕，那你肯定在醫院門診區被細菌感染，需要吃抗生素了！

　　讀者試想：感冒的人通常抵抗力就比較差，將病人到醫院看病時，被細菌感染視為常態，這樣是正常嗎？是不是應該加以改善？

　　到底要用甚麼措施才能減少被病菌感染？戴口罩（醫師都這麼說）！其實戴口罩主要是避免將病菌傳染給別人，對於避免被傳染的效果相當有限，除非是戴 N95 等級的防護口罩。

　　如果大家都戴口罩，對病毒或細菌交叉感染之減少一定有幫助，但怎麼管制病菌帶原者一定要戴口罩？那醫師問診時又怎麼辦？口罩是不是不能取下來！這中間一定有很多造成細菌交叉感染的缺口。

　　當然，所有避免病菌交叉感染的措施都值得做，戴口罩是最簡單的動作，可是你沒辦法要求別人戴口罩，戴了口罩仍然有可能被感染，那該怎麼辦？

　　其實醫院門診區的空調系統設計，應該具有避免病菌交叉感染的機制，至少必須能夠減少病菌交叉感染，只是這些防護機制被忽略、一般大眾不知道、健保單位也不知道而已！其實應該嚴格要求落菌數之限制。

如何改善醫院門診區之交叉感染問題？

醫院普遍存在嚴重的病菌交叉感染問題，係由於錯誤的經驗法則當道，又缺乏導正之機制，積非成是造就了不當醫護環境之空調系統！

正常醫院門診中心之空調系統應該全外氣、無回風設計，但對於濕熱地區（如台灣）鐵定會大幅增加空調系統之耗電量！

那該怎麼辦？增加外氣量還是減少外氣量？事實上，空調系統只要設計回風時，就應該搭配回風滅菌措施，才能減少病菌交叉感染之風險。

空調系統基於節能減碳而設置回風，那如何進行滅菌？採用紫外線殺菌燈、還是光觸媒？滅菌能周全嗎？

反正空調系統有設置滅菌措施總比沒有好，對環境空氣品質只有好處、沒有壞處！至於實際效能如何？缺乏實際性能驗證，大部分個案都這樣草草結案，又缺乏實際運轉後之維護機制，結果落菌數仍然普遍偏高，健保單位就據此放寬落菌數限制、當好人！

讀者試想：室內空氣品質管理法如果能確實檢討與執行、並驗證環境空氣品質之落菌數，是不是可以大幅減少醫院門診區交叉感染風險？

談到空調系統之節能減碳，當外氣溫度較低時（譬如 20°C 以下），引進大量外氣來進行自然冷卻是必要措施，除了可以降低空調系統之耗能外，對於醫院門診區等室內環境之控制，還可以大幅減少病毒與細菌交叉感染的風險，是具備雙重效益之措施。

如何避免醫院之相對濕度偏高？

外氣經常非常潮濕之地區（如台灣），當醫院門診區大量引進 20°C 之外氣時，室溫雖然可以維持在 25°C 左右、但相對濕度會大幅偏高，當相對濕度長時間高於 60%RH，病原菌會大量滋長，這對於醫院環境之空氣品質維持，仍然是相當不利，必須進一步檢討。

務實的空調系統設計，針對人員密集的場所應該有除濕機制，否則春秋季之室內相對濕度鐵定偏高，設置冷卻除濕後再熱之空調設備，來補償空調顯熱負荷之降低，是傳統空調系統之環境控制方式。

設置冷卻除濕後再熱之空調設備！由於再熱是雙重能源耗損，是非常耗能之空調處理方式，在節能減碳的廿一世紀，應該盡可能減少空調系統之再熱量。

針對冷卻除濕後再熱之空調系統優化，空調冷卻除濕系統如果設置化學除濕設備，利用空氣潛熱（濕氣）來進行再熱，能源消耗量可以大幅減少 70%左右，也可以補償高潛熱場所冷卻除濕之除濕能力不足。

設置冷卻除濕＋化學除濕之空調箱設備，夏季利用化學除濕來補償冷卻除濕之不足，可以讓室內相對濕度維持在 50%RH 左右、室溫設定在 26°C 仍然會很舒爽，春秋季也可以避免濕度偏高、來抑制病原菌之成長，在冬季直接引進 15°C 左右之外氣，經化學除濕處理，除了可以利用低溫外氣之冷源來進行自然冷卻，藉以減少空調冷卻除濕負荷外，仍然可以使室內相對濕度維持在 50%RH 左右，是相當適合外界潮濕、室內潛熱量很大

的台灣醫院門診區之環境控制，不但可以大幅提升門診區之環境品質，也可以降低整體空調系統之耗電量。

基於節能減碳之考量，當醫院門診區之空調箱設置回風時，冷卻除濕+化學除濕之空調箱，化學除濕型式如果選用濕式，利用除濕劑來進行回風殺菌，可以大幅減少門診區之落菌數，這對於細菌交叉感染風險之降低會有顯著效益。

實務上，無論紫外線殺菌燈、或是光觸媒，處理空氣很難避免大量旁通，利用濕式化學除濕之噴霧處理，除了對空氣進行除濕外、同時進行全面殺菌，是醫院門診區空調箱之絕佳夥伴。

總而言之，醫院門診區採用冷卻除濕+濕式化學除濕之空調設備，可大幅減少交叉感染之風險，減少門診區之工作人員、探病家屬與病患之病菌感染，避免醫療資源浪費，而且還可以提高工作能量、創造經濟；除此之外，春秋冬季可以改善門診區相對濕度偏高問題，避免病原菌滋生，夏季空調冷氣負荷偏高、室內外焓差很大時，亦可停止引入外氣之冷卻與還原空氣（排氣）之加熱，使濕式化學除濕變身為全熱交換器，回收排氣之冷能來減少冰水主機之負荷。

如何避免出風口與牆面結露滴水？

　　濕度普遍偏高的台灣，鄰接室外的大廳冷氣系統，出風口之選用、布置與風量設計時，必須避免產生冷面板，否則當外界滲入之潮濕空氣碰到冷面板時，冷面板會結露滴水。

　　一般空調冷氣出風口之設計風速，以標的之表面風速達 0.25m/s 左右為目標，如果是側吹型出風口，出風口氣流對面之牆面風速應在 0.13m/s 以下，牆面才不會成為冷面板，如果出口之風速過高、牆面成為冷面板，潮濕空氣滲入時，冷面板之牆面會產生結露現象。

　　牆壁之面材為水泥粉光、水性水泥漆或透水建材，結露會造成牆壁之面材潮濕，長期下來因而發霉、剝落；如果牆壁之面材為不透水建材，結露會造成牆壁表面凝結水滴，因而造成地板積水。

　　選用無擴散導風片之下吹出風口時，如果出口之風速過高，地板也將成為冷面板，當潮濕之外界空氣滲入時，地板也會直接結露而積水，影響行人安全。

　　如果出風口有冷氣涵蓋死角，出風口表面將直接曝露在周邊環境中，當周邊潮濕環境之露點溫度高於出風口之表面溫度，出風口之表面也將會有結露現象。

　　出風口周邊環境之露點溫度偏高的原因，有可能是潮濕的外氣滲入、也有可能是室內環境的潛熱很大所造成，對於鄰接室外之大廳，或是人多、又有大量菜餚產生水氣的宴會廳，或門廳鄰接通風不良之廁所、茶水間等，都有可能是室內潛熱大量提高的原因。

對於天花擴散型出風口，中間之導風片經常成為冷氣涵蓋之死角，導風片之表面溫度容易因低於周邊之露點溫度而結露，在中間導風片打個圓洞，即可破除冷氣涵蓋之死角，讓導風片周邊之環境趨近於出風條件，基於乾球溫度恆高於露點溫度，來避免結露滴水。

　　有些出風口無法完全破除冷氣涵蓋死角（如線條型出風口），減輕出風口結露之方法，有些人會從導風片之熱阻值提高著手，譬如選用熱阻值較高之塑膠材質（如 ABS）來製造出風口。

　　業界大量採用線條型出風口，經常有風管包商建議採用 ABS 材質，理由是較不會結露滴水（其實真正原因是 ABS 出風口比較便宜），但對於在意裝修質感或消防安全之空間，仍然應選用鋁擠型出風口比較合適。

　　選用鋁擠型出風口！那出風口結露滴水怎麼辦？然而選用 ABS 出風口就不會結露滴水嗎？筆者就見過 ABS 出風口結露滴水很嚴重的個案！ABS 材質的出風口只是稍微比較不會結露，其實對出風口結露問題之幫助相當有限。

　　避免出風口結露之正確方法，除了盡量避免冷氣涵蓋死角外，應從降低出風相對濕度著手；降低出風相對濕度的方法有三：一是冷卻除濕後再熱、二是引部分回風與冷卻盤管離風混合、三是冷卻除濕後再經化學除濕處理。

　　利用冷卻除濕後再熱來避免出風口結露，雖然具立竿見影之效，但再熱需要能源、同時會成為冷卻負荷，是相當耗能的方式。

引部分回風與冷卻盤管離風混風，來降低出風之相對濕度，對於室內潛熱較大時，可以有效解決出風口結露現象，對於室內相對濕度普遍偏高的場所，也有助於降低室內環境之相對濕度、提高品質。

冷卻除濕後再經化學除濕處理，因化學除濕係將空氣之潛熱轉換成顯熱，出風之相對濕度得以大幅降低，是相當適合高濕環境之室內相對濕度控制，也可以避免出風口產生結露現象。

如果化學除濕設備之熱源是來自電熱或蒸汽，那將是很耗能的方式，僅適合用在低濕之產業空調系統，對於商用之空調系統應利用回風來還原。

當氣溫較低、室內之顯熱負荷很小時，化學除濕設備之還原空氣可以適度加熱，來提高化學除濕設備之除濕性能；至於熱源，可以利用熱泵之熱側對化學除濕還原空氣加熱，熱泵之冷側則做為空氣冷卻除濕之冷源，來降低空調系統之能源消耗量。

會造成冷氣出風口結露滴水之現象，代表室內環境已經太過於潮濕，而且出風之相對濕度又趨近於飽和狀態，如果冷氣直接吹到人體，會讓人覺得非常不舒服，不應將這種狀況視為常態；因此，不管利用破除冷氣涵蓋之死角來避免結露，或是採用熱阻值較高之出風口來減緩結露滴水，都僅僅是治標之方式，對於優質之室內環境控制，應該從兩方面著手：一是降低室內環境之相對濕度、另一則是降低冷氣出風之相對濕度。

如何解決空調系統之噪音問題？

　　某建設有一高級住宅大樓個案，完工後擔心公共設施之空調冷卻水塔噪音會影響住戶的安寧，於是找來噪音防治公司評估改善對策，噪音防治廠商提出傳統吸音隔音牆之防治策略，造價新台幣五百萬，但無法保證改善到需求噪音值。

　　讀者覺得如何？沒辦法！只能這樣做？噪音防治廠商會盡力改善嘛！

　　筆者發現後，即刻到現場檢討噪音源，發現主要噪音源來自冷卻水塔之風車，於是連絡冷卻水塔廠商改善風車之噪音，同時要求承包商檢討冷卻水塔裝設位置，要求盡量遠離住戶，並增設冷卻水塔之風車馬達變頻器來降低夜間噪音，期待能減少噪音防治之費用。

　　結果在冷卻水塔廠商更換成低噪音風車後，噪音值已經低於周邊環境噪音，因此意外省下五百萬吸音隔音牆之噪音防治費用，至於冷卻水塔裝設位置之改善，與冷卻水塔風車馬達之變頻器裝設，也就暫時擱置了。

　　噪音防治是很不容易圓滿完成的工作，空調工程驗收期間經常還在進行的兩項工作，一項是空調控制系統之調整、另一項則是噪音防治之改善工作。

　　空調控制系統之調整必須歷經一個完整寒暑，才能確認所有功能是否能滿足需求？驗收期間持續進行很長時間是無法避免的。

　　至於空調系統之噪音防治工作，由於每個人對噪音之忍受度不同，其實很難做到完善，如果噪音改善沒有

對症下藥，不但花錢、效果有限，而且還必須承擔副作用，很可能因為裝設消音箱後，風車之運轉壓力因而提高，結果造成風車之噪音值更高。

噪音改善有三個步驟，一是降低噪音源、二是噪音傳遞路徑之隔音與消音、三是在受音處吸音。

如果降低噪音源就可以解決問題，那將是最省錢的方法，噪音防治公司採用之隔音吸音牆，那是傳遞路徑之隔音與消音，必須花費比較多的錢、效果也沒有降低噪音源來得好，如果從受音處做吸音改善，那將會是事倍功半。

讀者試想：冷卻水塔費用才 66 萬，卻要花 500 萬的噪音防制費用，那是多麼不符合正常邏輯！冷卻水塔移位，是要改善傳遞路徑之隔音與消音，費用遠低於吸音隔音牆之施作，即使無法達到需求，也可以減少吸音隔音牆之施作費用。

噪音源來自於冷卻水塔，那必須先檢討冷卻水塔是否正常？冷卻水塔之噪音是否有降低空間？這當然包括風車馬達噪音之減量。

進一步檢討，白天與夜間之噪音管制標準不同、使用者寬容程度也不同，冷卻水塔風車馬達之變頻，在夜間之噪音管制標準較嚴格時，可以適時利用變頻器來降低冷卻水塔風車馬達之轉速，藉以減少風車之噪音，不但可以改善冷卻水塔之噪音問題，也可以因應夜間較低之冷氣負荷、減少風車馬達之耗電量。

變頻是節能的萬靈丹？

經常有業界專業人員詢問筆者：變頻真的可以節能嗎？事實上，變頻節不節能並不是是非題，節不節能要看實際之操作工況而定。

如果買一台變頻冷氣機，只有夏季很熱時才開啟，冷氣機總是操作在滿載狀態，這怎麼會節能？變頻器也有損失啊！應該會更耗能才對。

如果非常熱才開冷氣，冷氣機之操作頻率很低、一開啟就持續運轉在滿載工況，那就不要選用變頻式冷氣機，如果執意選用變頻式冷氣機，除了要準備較多錢買冷氣機外，還要繳更多的電費，那是很划不來的！

如果春秋季經常開啟冷氣機，選用變頻冷氣機可以大幅減少耗電量，因為春秋季之冷氣機負載通常在 50% 左右，變頻冷氣機負載在 50% 左右時之效率最高，買變頻冷氣機雖然貴一點，但卻可以大幅減少冷氣機之耗電量，是很划得來的選擇。

對於中央空調冰水系統之節能措施，其變頻選擇包括冰水機、冰水泵、冷卻水塔風車馬達、冷卻水泵、空調箱風車馬達與 FCU 風車馬達等，每項選擇之節能效益會隨設備選用、系統設計與操作頻率而變。

小型壓縮機通常沒卸載機制，負載經常在低載工況時，壓縮機啟動停止會很頻繁，啟動電流會大幅增加耗電量，選用變頻控制之壓縮機，會有很高之節能效益；大型壓縮機都有卸載機制，變頻容量控制之節能效益要看壓縮機型式，離心式或螺旋式將會有很大差異。

如何利用變頻來降低空調設備之耗電量？

　　冰水機之壓縮機是耗電量最大之空調設備，如何降低冰水機之壓縮機耗電量？絕對是空調設備節能檢討之首要工作，然而冰水機會隨冷氣負荷之降低而卸載，如果冷卻水泵、冷卻水塔與冰水泵等附屬設備，沒有隨冰水機之卸載而降低轉速，空調設備之節能將會出現很大缺口，設計變頻器來讓空調設備適時降頻，是最普遍之節能設計手法。

　　大型壓縮機都有卸載機制，變頻容量控制之節能效益要看壓縮機型式，如果是離心式冰水機，當降頻卸載時，冰水機之耗電量會隨降頻立方下降，可以大幅減少冰水機之耗電量；但如果是螺旋式冰水機，當降頻卸載時，冰水機耗電量僅隨降頻之一次方下降，實際冰水機之耗電量與比例式滑塊容量控制差異不大。

　　當螺旋式冰水機操作在滿載工況時，冰水機採用變頻壓縮機之耗電量，會比滑塊容量控制還來得大，因為變頻器會增加 2%左右之無效電力，但當冰水機負載小於 50%時，變頻螺旋式冰水機之耗電量則會比滑塊容量控制來得小。

　　傳統中央空調冰水系統會設計一、二次冰水泵，一次冰水泵通常採定頻控制，二次冰水泵則隨冷氣負荷下降而降頻，仔細觀察會發現二次冰水泵之降頻空間不如想像中那麼大！

　　冰水管路系統之阻尼由三部分組成：一是冰水器迴路、二是輸送管路、三是空調箱（或 FCU 群組）分路，

當冰水器迴路由一次冰水泵負責時，二次冰水泵僅負責輸送管路與空調箱分路（或 FCU 群組），由於在二次冰水泵之變頻控制，空調箱分路壓差是固定值，因此當冷氣負荷下降時，二次冰水泵之揚程降低空間僅限於輸送管路，對於輸送管路壓降不大之個案，二次冰水泵之降頻空間極為有限；如果取消二次冰水泵，冰水泵除了負責輸送管路與空調箱分路外，還包括冰水器迴路，冰水泵之降頻空間自然會增加。

　　對於 FCU 空調冰水系統，由於慣用 on/off 控制閥來控制冷卻盤管之冰水，冰水會因水路平衡不確實而過流量，造成實際冰水溫差偏小，冰水溫差也會隨空調冷氣負荷之降低而再減少，造成冰水機無法操作在滿載工況，而且過大之冰水流量也會大幅限制冰水泵之降頻空間，如果沒有正確之水路平衡設計與確實進行水路平衡作業，冰水溫差偏小之問題將會更嚴重！

　　冷卻水塔風車馬達降頻之節能措施，經常造成冰水主機場更大之耗電，原因是冷卻水塔風車馬達之耗電量遠比冰水機小非常多，如果因冷卻水塔風車馬達降頻而造成冷卻水溫提高，冰水機所增加之耗電量，很容易比冷卻水塔風車馬達減少之耗電量還大。

　　業界目前普遍使用之冷卻水塔，最大的問題是冰水機運轉台數減少、冷卻水塔處於低水量時，冷卻水塔散熱材之冷卻水分布嚴重不均，結果造成沒水的散熱材風量比較大、有水的散熱材風量比較小，有水的散熱材風量已經不夠，冷卻水塔風車馬達還降頻，冷卻水溫提高、冰水機耗電量增加是必然的。

冷卻水塔負載減少時，適時降低冷卻水塔風車馬達之運轉頻率的確可以節能，但先決條件必須是冷卻水塔散水正常；當冷卻水塔負載降低，風車馬達運轉頻率由60Hz 減少為 50Hz 時，就可以減少 50%之風車馬達耗電量，這是冷卻水塔風車馬達設置變頻器的原意。

　　為了維持冷卻水塔散水正常，消極的方法可以在冷卻水塔進出水管裝設控制閥，冷卻水塔運轉台數隨冰水機之運轉台數減少而減少，冷卻水塔之冷卻水流量就不會偏低；積極的方法應改善冷卻水塔低水量散水性能，那冰水機運轉台數減少時，可以利用較大之冷卻水塔散熱面積來降低冷卻水溫，使冰水機運轉在較高效率之工況，當冰水機運轉台數減少時，冷卻水塔負載也會因而降低，冷卻水塔風車馬達可以適時降頻來減少耗電量。

　　當冰水機負載降低時，冷卻水泵流量卻不變，這會使得冷卻水泵之耗電權重明顯增加，尤其是多壓縮機之冰水機，這種不正常之工況會更明顯。

　　大部分的人會認為冰水機之耗電量遠大於冷卻水泵，不必太在意冷卻水泵之耗電量；事實上，冷卻水泵耗電權重不大，僅僅是設計條件而已，對於雙壓縮機之冰水機，僅運轉單壓縮機 50%容量時，冷卻水泵耗電權重可能從設計條件的 10%大幅提高為 40%，試問讀者能不在意嗎？

　　冷卻水泵變頻絕對是空調冰水系統節能的重點工作，因為冷氣負荷隨使用狀態與氣溫而變，冰水機鮮少會運轉在滿載工況，甚至絕大部分時間都運轉在 50%以下，冷卻水泵之流量應隨冰水機卸載而適時減少。

當冷卻水流量隨冰水機運轉台數減少而降低，或冷卻水流量隨冰水機負載降低而減少時，冷卻水塔之冷卻水流量也會同步減少；因此，冷卻水泵變頻設計之首要工作，與冷卻水塔風車馬達變頻控制一樣，必須確實改善冷卻水塔低水量散水性能。

　　當冷卻水塔因水流量減少而散水不均時，如果冷卻水泵流量隨冰水機負載降低而減少，冷卻水塔之散水會更不均勻，會使得冷卻水塔之供水溫度提高，冰水機之效率會因而下降，當冰水機所增加之耗電量大於冷卻水泵所減少之耗電量時，冷卻水泵變頻控制會造成冰水主機場更耗電，在冷卻水泵裝設變頻器將會沒有價值。

　　空調系統之節能措施，通常會著墨在冰水主機場，其主要原因有二：一是風車之耗電量與冰水主機場比較相對偏低，尤其是低風壓降之 FCU 空調系統；二是「風量」為空調冷氣功能之重要元素，具空氣分布與降低等效溫度之功能，減少冷風量之措施必須付出代價。

　　當空調冷氣負荷減少時，適時降低風車轉速來減少冷氣送風量，一定可以減少風車耗電量，但重點是風車耗電量可以降低多少？會不會影響冷氣分布？會不會因而要設定在較低之室內溫度？

　　節能措施都要有配套考量，降低空調箱或 FCU 之冷風量，將構成 VAV 空調冷氣系統，必須選用適合 VAV 之出風口，並設計較低之相對濕度等，對於低風壓降之 FCU，實際風車之耗電量才多少？如果為了降低 FCU 風車之耗電量，卻因而增加冰水主機場之耗電量，整體耗電量不一定會減少，值得嗎？

裝設全熱交換器真的可以節能嗎？

　　筆者有位朋友在台北市仁愛路買間豪宅要裝修，室內設計師建議裝設全熱交換器，下列與屋主之對話可供讀者參考。

屋主問筆者：住宅裝全熱交換器好不好？

筆者：好啊！

屋主：好在那裡？

筆者：可以換氣，讓你的豪宅成為會呼吸的建築。

屋主：不是可以省電嗎？

筆者：夏天可以省電。

屋主：其他季節呢？

筆者：春秋季省電效果會因氣溫下降而大打折扣，扣掉風車增加之耗電量將所剩無幾，說不定還會更耗電！

屋主：那冬天呢？

筆者：冬天如果外氣不經全熱交換器直接引進，可以不用開冷氣，如果外氣經全熱交換器再引進，沒開冷氣可能會太熱。

　　筆者友人是台灣十大空調工程公司的老闆，也是空調工程之專業人員，於是到處跟朋友說：全熱交換器全是騙人的！

　　在日本（或緯度較高的歐美地區），用全熱交換器引入外氣，冬季可以預熱加濕、夏季可以預冷除濕，冬季之室內外溫差往往高達 30°C 以上，雖然風車耗電量會增加，但仍然有相當高的節能效益；在台灣，除非是阿里山、清淨農場等氣溫較低之高山地區，或是室內溫

149

度要求很低之場所，全熱交換器之節能效益往往不到日本的三分之一，甚至春秋季節因為室內外溫差偏小，裝設全熱交換器後，反而會更耗電。

當台灣最大之美國綠建築 LEED（Leadership in Energy and Environmental Design，能源與環境設計先導）輔導團隊，在輔導印尼某辦公大樓之 LEED 個案時，詢問筆者有何空調節能建議？筆者第一個就提出以全熱交換器處理引入之外氣，並引用台北市花博採用之全熱交換器性能，逐時估算其節能效益，結果發現效益相當可觀。

當宏達電新店研發大樓新建時，原空調設計採全熱交換器引進外氣，由於宏達電要申請 LEED 認證，LEED 顧問團隊王技師詢問筆者：採用全熱交換器之節能效益如何？筆者同樣以台北市花博採用之全熱交換器性能，來逐時估算宏達電新店研發大樓之節能效益，結果效益卻相當有限。
王技師於是明確的告訴宏達電業主：設置全熱交換器對 LEED 沒有加分！宏達電經過檢討後，於是取消全熱交換器之設置。

由此可見，全熱交換器是否具效益，取決於室內外焓差，日本、歐洲或中國大陸華北地區之一般空調系統都具有很高效益，印尼、新加坡等熱帶低區，或是中國大陸華中地區也具有節能效益，但在亞熱地區的台灣，除非是室內環境之溫、濕度要求很低，否則實際節能效益相當有限。

自然冷卻與節能減碳

如果建築物能夠適時引進外界之自然冷風，為什麼還要開冷氣機來供應冷氣？開啟冷氣機是要耗用電力的，適時引進外界之自然冷風，不但可以節省電費，而且還可以讓室內之空氣品質更好。

冬季氣溫很低時，很多裝設 FCU（風車盤管）或分離式冷氣機之商場、餐廳、宴會廳與辦公室等都持續開啟冷氣，這是非常糟糕之現象！

冬天開冷氣！很明顯是空調冷氣系統缺乏自然冷卻功能，應該即刻加以導正才對！

針對冬季商用空調的自然冷卻設計，除了人多的宴會廳應該引用外氣進行自然冷卻外，戲院、賣場、甚至辦公室也應一併引用外氣來進行自然冷卻，否則冬天氣溫很低時，還必需持續開啟冷氣機，這是非常不符合節能減碳潮流的。

以 2009 年台北之氣象統計資料，外氣低於 20°CDB 之時數高達 2,641 小時，如果僅計算早上 10 點到晚上 10 點，也有 1,211 小時，如果外氣溫度低於 23°CDB 就開始引用大量外氣來減少冷氣設備之負荷，操作時數甚至高達 3,772 小時，達整年時數的 43%，可見自然冷卻之節能空間有多大。

室內熱負荷較高之場所（如商場、餐廳、宴會廳與辦公室等），應該設計春秋季得以大量引入外氣之空調箱，來進行外氣自然冷卻，至少必須依冷氣負荷設置 50% 之空調箱，其他才用 FCU 或分離式冷氣機補足。

選用 VRV 分離式冷氣機比較省電？

如果要申請台灣綠建築，裝設變冷媒流量之 VRV 冷氣機，可以得到很高之加分，但是不是可以節能？將因使用場所而有很大之差異。

某建設公司在板橋開發一棟大型商場，都審會要求必須取得綠建築銀牌，綠建築審查結果僅能達到綠建築銅牌標準，建設公司請教審查委員：要如何修改才能取得綠建築銀牌？

審查委員解釋：空調冷氣設備改成 VRV 冷氣機就可以取得綠建築銀牌。

這真的差很大！裝設 VRV 冷氣機，冬季氣溫很低時，仍然必須持續開啟冷氣機，才能移除商場之人潮熱負荷，這是那門子的節能措施！

該建案之原設計採空調箱風管系統，春秋季可以大量引入外氣來進行自然冷卻，減少冰水機之負荷，冬季甚至無需開啟冰水機，冰水機之耗電量得以大幅降低，卻僅能得到綠建築銅牌！！

關於 VRV 冷氣機之節能應用，針對家用之冷氣機，無論是窗型機、還是分離式冷氣機，冷氣機隨室溫高低而起起停停，在室溫高達設定值而開啟時，有很高之馬達啟動電流，加上冷媒高低壓差之建立，將耗用可觀之無效電力，如果改成 VRV 冷氣機，冷氣機可以配合負載之減少而降頻運轉，不但可以免除冷氣機起停頻繁之耗能，而且冷氣機運轉在半載工況時之效率反而會大幅提高，冷氣機之耗電量絕對可以大幅降低的。

VRV 冷氣機運轉在半載工況時，冷氣機效率之所以會大幅提高，原因是冷氣機單位製冷容量之熱交換面積加倍，冷凝器與蒸發器之趨近溫度會減少，因此壓縮機可以操作在比較低之冷媒高低壓差，壓縮機之冷媒流量與揚程皆減少所致。

　　筆者有一次和某大分離式冷氣機經銷商閒聊，筆者問：多聯 VRV 分離式冷氣機真的節能嗎？

經銷商：冷媒管拉那麼長，怎麼可能節能！比較節能的應該是冷媒管較短的家用 VRV 分離式冷氣機吧！

筆者：那為什麼總是聽到你在推銷多聯 VRV 分離式冷氣機！

經銷商：沒辦法，家用 VRV 分離式冷氣機太競爭了，銷售多聯 VRV 分離式冷氣機的利潤好很多。

　　當銜接室外機與室內機之冷媒管長度超過百米時，雖然高檔多聯 VRV 分離式冷氣機可以克服技術問題，但冷媒管長度達百米時，製冷容量會減少兩成多，效率也會大幅下降，不但會大幅提高造價、也會增加耗電量，況且當 VRV 冷氣機長時間運轉在低頻工況時，必須定時以全頻運轉來解決冷媒系統之回油問題，將再增加額外之耗電量。

　　很多辦公大樓在每層設置獨立之冰水機，當改成多聯 VRV 分離式冷氣機後，可以明顯大幅降低電費！追究其原因，主要是夏季開啟那台冰水機、春秋季也開啟那台冰水機，春秋季冰水機之耗電量將遠高於多聯 VRV 分離式冷氣機，其實不是多聯 VRV 分離式冷氣機真的節能，而是單台冰水機之系統設計比較耗能。

儲冰空調設備可以省電嗎？

　　「儲冰式空調是台電推動的電力負載管理措施，所以當然可以節能。」有很多空調行業外的人會這麼想，但到底對不對？

　　空調專業人員或許會糾正你：「儲冰式空調設備是省電費的工具，而不是省電的工具，實際上是會更耗電的。」

　　真的全然是這樣嗎？儲冰空調設備真的完全無法省電嗎？

　　對台電來說，空調儲冰是電力負載管理工具之一，而「抽蓄電廠」是台電最主要的電力負載管理工具，而且已經在日月潭設置了兩座抽蓄電廠，一座是為核一廠與核二廠而設置的明湖抽蓄電廠、另一座則是為核三廠而設置的明潭抽蓄電廠。

　　假使核四廠續建、並順利商轉，不知道第三座抽蓄電廠會落腳在那裡？當抽蓄電廠沒辦法滿足電力負載管理時，空調儲冰是相當不錯的電力負載管理工具，美國私人電廠就有補助用電戶設置儲冰空調設備，來解決電力負載管理之需求。

　　利用空調儲冰來優化電力負載管理，除了可以提高電廠之建置運轉價值外，電廠之操作能源也可能因而降低，所以嚴格來說，儲冰空調設備是可以減少電廠的能源耗用量的。

　　基於空調儲冰有優化電力負載管理之價值，台電除了以較優惠的離峰電價來鼓勵一般用電戶轉移尖峰電

力外，並採行六折離峰電價來鼓勵空調儲冰用戶，因此空調儲冰用戶可以因而減少可觀之電費支出。

對於空調用戶，設置儲冰式空調設備，真的會增加耗電量嗎？

如果僅設置製冰用的滷水機與儲冰槽，當然會明顯增加耗電量，因為製冰滷水機之效率會遠低於傳統空調用冰水機，而且還必須增加滷水泵之耗電量，如果製冰用的滷水機兼空調機使用（也就是分量儲冰模式），那兼空調機使用之滷水機，效率也會比傳統空調用冰水機差很多，利用儲冰式空調設備來替代冰水機，耗電量增加是必然的。

如果設置小容量之儲冰設備，夏季空調冷氣負荷很高時，利用儲冰設備來平移尖峰電力，同時享用低廉離峰電價；春秋季空調冷氣負荷很低時，儲冰設備則用來替代冰水機，避免冰水機運轉在低載、低效率工況，設置儲冰空調設備之空調冰水系統，實際之耗電量其實並不一定會增加的。

以設計條件建置之空調冰水系統，因使用空調面積減少，或氣溫較低之春秋季節，經常操作在低負載之工況，因而造成冰水機與附屬水泵起停頻繁時，如果設計適當容量之儲冰式空調設備來搭配冰水機，藉以減少冰水機與附屬水泵之起動次數，其實是可以降低空調冰水系統之實際耗電量的。

進一步檢討，針對小型空調冰水系統，利用儲冰水槽來減少冰水機之起停次數，相較於沒有儲冰水槽之空調冰水系統，儲冰水槽一定可以減少耗電量。

節能的利器→熱泵

　　五十年前，筆者剛進嘉義高工就讀冷凍空調科時，台灣住宅之空調設備是窗型冷氣機，冷暖氣機是在冷氣機裝設電熱器，當夏天氣溫比較高時，利用電力驅動冷暖氣機之壓縮機來製造冷氣，當冬天氣溫很低時，則以冷暖氣機之供應電力，驅動電熱器來製造暖氣。

　　當時筆者的英文老師就說：如果冬天將冷氣機對調安裝，使冷凝器之熱風吹向室內、蒸發器之冷風則吹到室外，不是就可以製造暖氣，為什麼要在冷氣機裝設電熱器？買電暖器的錢應該也可以省下來吧！

　　這是非空調行業中人的看法，卻說重熱泵之價值，冷氣機對調安裝不但可以製造暖氣，而且與設置電熱器之冷暖氣機比較，也可以大幅降低 70% 之耗電量。

　　後來冷氣機廠商就在冷媒管路裝設四路閥，冬天不用將冷氣機對調安裝，就可以將室外之冷凝器變成蒸發器、室內側之蒸發器則變成冷凝器，冷氣機就變成暖氣機了（如下圖所示）。

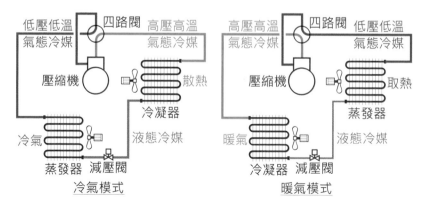

冷氣吹向室外、暖氣吹向室內，利用冷媒循環系統之運作，持續將室外之熱量搬移至室內，僅需耗用 1kW 之電力就足以搬移 3kW 以上之暖氣，這是冷氣機兼做熱泵提供暖氣的價值，由於冷媒四路閥之費用與電暖器之價格差異不大，因而使得電暖器之市場逐漸萎縮。

　　如果冷氣機之蒸發器用來製造冷氣、冷凝器用來製造熱水（如下圖所示），引用冷凝器之熱水做為盥洗熱水，則可以替代瓦斯或電能熱水器，這就是熱泵之主要用途、也是現今最夯的節能減碳手法。

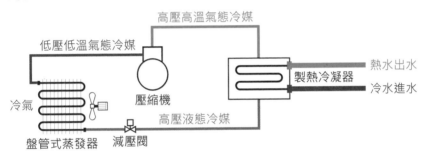

　　當室內空間不需要冷氣時，熱泵之蒸發器可以由大氣取熱，利用冷凝器來製造熱水，相較於燃油或天然氣鍋爐，可以大幅減少能源費用。

　　對於同時需要冰水與熱水之個案（譬如藥廠或醫院開刀房等冷卻除濕再熱之恆溫恆濕空調系統），可以在熱泵之冷凝器製造熱水時，利用蒸發器同時製造冰水，那將會創造熱泵之雙重價值，設置熱泵之投資效益也將會更高。

如何利用熱泵來優化熱水系統？

近年來，宿舍、飯店等盥洗熱水之供應，採用熱泵替代鍋爐已極為普遍，經常看到設置熱泵、並拆除鍋爐的個案，筆者曾經質疑：為什麼要拆除鍋爐？設計技師總是回答：已經設置了熱泵來製造熱水，留著鍋爐做甚麼？

這種觀念真的差很大！如果沒有足夠空間來設置熱泵與熱水儲槽，必須拆除鍋爐才能挪出熱泵與熱水儲槽之安裝空間，那拆除鍋爐還有道理，如果認為熱泵可以完全替代鍋爐，這種觀念一定要修正。

熱泵是造價高、省能源費用之設備，適合操作頻率較高之場所、不適合當備載使用，對於盥洗熱水之應用，必須靠長時間之製熱，將熱水儲存在熱水儲槽，以備尖峰時段之熱水需求。

讀者試想，熱水需量並非恆定，以冬季寒流來襲之熱水需量來設計熱泵，那以常態時期來看，豈不是過量設計，這是不符經濟價值之原則的。

合理的熱水系統設計，應以常態時期之熱水需量來設計熱泵，冬季寒流來襲時，則以鍋爐來補償熱水供應量之不足，如此對造價高、省能源費用之熱泵，操作頻率才能大幅提升，才能提高熱泵之設置效益。

未來台灣的電價提高是必然趨勢，如果電價有一天提高到某個程度，使得最低能源費用之操作模式，必須由熱泵將冷水加熱到 $45°C$、再由鍋爐補償加熱至 $50°C$，此時如果只有設置熱泵、沒有鍋爐，那怎麼辦？

終究只有設置熱泵、沒有設置鍋爐，花比較多錢設置大容量之熱泵，如果還要負擔較高之能源費用，這對投資者來說是相當划不來的！

進一步檢討，以客為尊的觀光飯店，如果在冬天非常寒冷時，從室外遊樂園回來之團客，進入客房的第一個動作就開啟浴缸熱水、準備泡熱水澡，大家同時大量使用熱水的結果，儲熱水桶的熱水因而用完了！那該怎麼辦？熱泵是無法瞬間大量製熱的，如果沒有設置鍋爐來補償製熱，飯店豈不是要開天窗！

至於熱泵仍然可以搞定寒流來襲、大量使用熱水之個案，那代表熱泵之設置容量非常的大，造價將會大幅提高，這種設計之性價比其實是非常低的！

筆者剛接任麗 X 建設顧問時，在關係企業福 X 連鎖飯店中，深坑福 X 飯店之熱水系統已設置兩台鍋爐，花蓮福 X 飯店之熱水系統則設計了兩台熱泵、沒有鍋爐，筆者於是提議將深坑飯店之鍋爐移一台至花蓮飯店、花蓮飯店之熱泵則一台移至深坑飯店，以熱泵作為熱源基載、鍋爐做為備載，這種建議馬上得到所有人的認同。

對於亞熱帶地區飯店之熱水系統，夏季與春秋季供應盥洗熱水，冬季除了盥洗熱水需求增加外，還要另外供應空調暖氣，如果全部熱源皆來自熱泵，熱泵在夏季與春秋季之操作頻率會很低，而且熱泵在冬季用來製造盥洗熱水，製熱效益也不太高。

飯店之熱水系統，熱泵應該搭配鍋爐才合理，熱泵在夏季與春秋季用來供應盥洗熱水、冬季則供應暖氣，至於冬季之盥洗熱水，應該是熱泵預熱、鍋爐再熱。

如何優化宴會廳空調系統？

　　當宴會廳設計單一空調箱時，經常發生僅啟用一半的空間、甚至只有三分之一的空間，卻開啟整部空調箱供應全區空調冷氣，這是非常耗能之設計！

　　如果依宴會廳可能之分區，改成多台獨立空調箱分區供應，當然可以節省可觀之空調冷氣電費，但仍然有很大之優化空間。

　　將宴會廳分區，分別設置 VAV 終端箱來適時減少空調冷氣之供應量，當宴會廳未全區使用時，可以關閉部分 VAV 終端箱，空調箱之風車馬達耗電量也得以降低，這種空調系統設計看似很合理，但如果以性價比來檢討，仍然有優化空間，因為 VAV 終端箱之設備、控制與風管氣密處理，都會增加造價的。

　　由於宴會廳空調冷氣負荷大小，並不會頻繁變化，如果整個宴會廳仍然設計單一空調箱，各分區分別設置風管與控制風門，再依分區冷氣需求開啟風門，空調箱風車則依冷氣需求面積而操作在不同轉速，當未全區啟用冷氣時，空調箱盤管與過濾網之風壓降將大幅減少，風車之耗電量會隨需求風量之減少而大幅降低。

　　舉例來說，對於軸動力 10kW 之風車馬達，當僅啟用三分之二空間時，風車之耗電量將大幅降低為 3kW 左右，冰水主機場之負荷也僅全區啟用冷氣的 66%，而且冰水泵之操作流量也得以因冷卻盤管裕度而再減少，整體耗電量將明顯比多台空調箱分區啟用來得低，相較於 VAV 終端箱之設置，同樣具有顯著之節能效益。

值得推廣之節能措施→冷卻水泵變頻

早在 1996 年，工研院承辦之節能研討會上，筆者負責主講空調水路系統之節能措施，就大力宣導冷卻水泵變頻之必要性，原因是冷卻水泵之操作頻率，如果沒有隨冰水機之卸載而降頻，當冰水機運轉在半載時，冷卻水泵之耗電權重將加倍。

或許很多人不太在意僅佔冰水機耗電量 10%左右之冷卻水泵，但當冰水機負載僅 40%時，冷卻水泵之傳動馬達如果沒有降頻，對冰水主機場來說，冷卻水泵之耗電權重將提高為 25%，也就是必須多花 15%左右之空調電費，在節能減碳的新世代不應該等閒視之！

傳統冰水主機場之系統設計，二次冰水泵經常設計變頻，一次冰水泵與冷卻水泵則採定頻設計，如果以務實節能角度來檢討，對於單層面積不大之高層建築，當空調冷氣負荷減少時，二次冰水泵能降頻的空間，僅限於冰水泵進出管路與冰水幹管摩擦阻力因水量減少而降低，因為冰水機之冰水器水壓降與二次冰水泵無關，空調箱冷卻盤管之分路水壓降，也因空調冷氣負荷減少而降低時，控制閥必須適時關小，來補償冷卻盤管與管路水壓降之降低，分路水壓差其實也不變，那二次冰水泵之降頻將受限於固定之分路水壓差，實際降頻之空間並沒有想像中那麼大。

反觀冷卻水泵之降頻空間就沒有這麼多限制，如果冷卻水泵能隨冰水機之卸載而降頻，當冰水機操作在半載工況時，冷卻水泵之操作頻率可以從 60Hz 降低為

40Hz，冷卻水泵之耗電量將降低為 30%，可以大幅減少 70%之冷卻水泵耗電量，冷卻水泵之耗電權重也可以從冰水機之 10%減少為 6%，對冰水主機場之節能貢獻相當大。

冷卻水泵變頻雖然有很高之節能效益，如果以投資效益角度來看，常態個案不到一年就回收了，但業界仍然相當守舊，直到 2000 年代才看到 Trane 針對聯電八廠之冰水主機場設置冷卻水泵變頻，由於該案原設計冷卻水泵揚程過大，光靠冷卻水泵手調降頻就已經達到相當高的節能成效。

友達在 2007 年推動 LEED 認證時，筆者為 LEED 節能輔導團隊之技術顧問，於是建議冷卻水泵變頻之節能措施，經實際運轉驗證成效後，發現冷卻水泵變頻之節能效益相當好，友達高層於是下令所有廠房之冷卻水泵均需裝設變頻器，冷卻水泵變頻因而逐漸成為業界仿效之節能設計方式。

雖然冷卻水泵變頻有很大之節能空間，但也不是在冷卻水泵裝上變頻器就可以節能，如果冷卻水泵一直操作在全頻工況，反而會因變頻器的損失而更耗能。

如果冷卻水泵經常操作在降頻工況，冷卻水泵之耗電量得以大幅降低，至於能不能真正節能，必須檢視冰水主機場之實際耗電量，因為冷卻水泵降頻時，冰水機之耗電量會因冷卻水出水溫度提高而增加；因此，冷卻水泵變頻器之控制，除了考量冰水機之負載外，必須監視冰水主機場之耗電量，才能讓冷卻水泵變頻操作在最佳之節能工況。

冷卻水泵變頻就可以節能？

　　冷卻水泵變頻雖然具有很高之節能效益，但並不是所有個案直接在冷卻水泵裝設變頻器就可以節能，而應該進行空調冷卻水系統之檢討。

　　綠基會在 2011 年針對敦南科技進行節能輔導時，筆者意外發現冷卻水塔之趨近溫度高達 7°C，原因之一即是冷卻水泵設置變頻器節能的後遺症。

　　冷卻水塔之趨近溫度設計通常為 3°C，當冷卻水塔進風濕球溫度為 29°C 時，可以提供 32°C 之冷卻水，如果冷卻水塔進風濕球溫度降低為 25°C 時，則可提供 28°C 之冷卻水。

　　冷卻水塔之趨近溫度高達 7°C，將使冷卻水溫上升 4°C，冰水機會增加 12%左右之耗電量，冷卻水泵降頻本來是用來節能的，結果因冰水機之耗電量增加，整體冰水主機場之耗電量反而提高。

　　敦南科技之冷卻水塔趨近溫度高達 7°C，原因是出在冷卻水塔之低水量散水性能，當冷卻水塔之低水量散水能力很差時，冷卻水泵降頻的結果，會使得冷卻水塔之冷卻水無法均勻散開，造成部分冷卻水塔之散熱材無冷卻水，無冷卻水之散熱材風阻小、風量大，造成有冷卻水之散熱材風量不足，冷卻水塔之趨近溫度大幅偏高就不足為奇了！

　　國內某優質水泵製造商計畫推動水泵之節能技術，於是聘請筆者當節能顧問，筆者首推冷卻水泵變頻之模組化技術。

由於政府有節能輔助計畫，該製造商積極爭取節能輔助，冷卻水泵變頻模組化技術之計畫提出後，某審查委員認為冷卻水泵變頻是成熟技術，不算創新、政府不應該補助，另一審查委員則認為冷卻水泵變頻技術不成熟、反而會讓冰水機出問題。

冷卻水泵變頻絕對具有相當高之節能效益，但必須搭配冷卻水系統之檢討，並非簡單之節能技術，冷卻水泵採用變頻控制，該檢討的相關設備是冷卻水塔、並不是冰水機。

冷卻水泵變頻模組化，其控制技術與防呆功能，是值得研究之創新技術，但不是不成熟之技術，兩位審查委員之審查結果極端相左、相互矛盾，結果真是令人難過，以筆者專業角度來看，只能說：很遺憾！

業界經常採用的良 XLRC 冷卻水塔與 X 日冷卻水塔，其低水量散水性能其實都很差，BAC 等進口逆流式冷卻水塔，其冷卻水量也不宜小於滿載工況的 50%，要設計冷卻水泵變頻來節能，應同時檢討冷卻水塔之低水量散水性能。

針對冷卻水泵之變頻設計，冷卻水塔型式之選用，將受限於低水量散水良好之直交流式冷卻水塔（如良 XLUC 冷卻水塔）。

總而言之，冷卻水泵隨冰水機卸載而降頻，絕對是值得推動之節能措施，但必須同時檢討冷卻水系統，改善冷卻水塔之低水量散水性能，否則冷卻水泵之降頻空間將大受限制。

調高冰水機之出水溫度可以節能！

　　2013 年獲得台北市首屆節能績優傑出首獎的君悅酒店，在節能發表會現場，能源局長開場致詞後，能源局技術幕僚接著上台宣導調高冰水機出水溫度之節能改善措施：「冰水機出水溫度越高，冰水機之效率將越好，冰水溫度每提高 1°C 可以減少 2%之耗電量，冰水機出水設定溫度不要低於 9°C。」宣導完就隨能源局長先行離席。

　　筆者心想：本來不是宣導冰水機出水設定溫度不要低於 10°C 嗎？甚麼時候修正了？任意提高冰水溫度，那相對濕度普遍偏高之環境控制怎麼辦？

　　麗 X 建設旗下之福 X 飯店，很多工務為了節省飯店之電費，將冰水機出水溫度設定在 10°C，原因是能源局聘請之專家宣導的建議，筆者雖然貴為機電顧問，仍然無法改變福 X 飯店工務的操作觀念。

　　君悅酒店節能發表結束時，負責發表君悅酒店節能效益之詹技師提醒參與者：我最後有兩張簡報資料與各位先進分享，第一張是君悅酒店冰水機 7°C 出水之冰水機與冰水泵耗電量實測值，第二張則是將冰水機出水溫度調高為 9°C 之冰水機與冰水泵耗電量實測值。

　　當冰水機出水溫度調高為 9°C 時，冰水機之耗電量明顯降低、但冰水泵之耗電量則大幅增加，因為冰水泵之流量大幅增加所致，結果當冰水機出水溫度調高為 9°C 時，冰水泵增加之耗電量比冰水機降低之耗電量來的多，所以最後我們仍然將冰水溫度設定在 7°C。

冰水溫度設定在 7°C 是濕熱台灣的必要措施，當冰水溫度提高時，室內相對濕度將跟著提高，由於能源局的節能宣導，有些醫院將冰水溫度設定在 10°C，結果造成開刀房相對濕度大幅偏高，對外科醫師之開刀品質產生巨幅影響，在節能掛帥之醫院管理結構下，外科醫師只能忍耐、病人只能接受！

讀者試想：將冰水溫度由 7°C 提高為 9°C，冰水泵增加之耗電量，反而比冰水機減少之耗電量還多，然而室內相對濕度卻從正常的 50%RH 大幅提高為 70%RH、甚至 80%RH，得到比較差的環境，划得來嗎？

等效溫度大幅提高，一定會讓人覺得很熱，必須降低設定溫度，結果反而增加冷氣負荷，提高冰水溫度真的可以節能嗎？事實上有可能會更耗能。

依筆者的經驗，要提高冰水機之出水溫度來節能，必須從三方面著手：一是將冷卻除濕與補償冷卻之冰水系統分開，二是配合較高冰水溫度來設計足夠熱交換面積之補償冷卻盤管，三則是利用控制系統來依冷氣負荷減少而適時調高補償冷卻之冰水溫度。

節能評估之必要條件，是在室內環境控制條件不變之工況下，否則關掉空調系統豈不是最佳之節能措施！

避免室內溫度設定太低絕對是節能操作之基本法則，但絕對不是將室內溫度直接設定在偏高狀態，必須考量人員實際之體感溫度。

提高冰水機出水溫度，冷卻盤管之熱交換面積必須同步增加，否則室內環境將失控，至於節能效益如何？必須同時評估冰水機、冰水泵與風車之實際耗電量。

提高冰水機溫差是節能設計趨勢

　　1970 年代前美國空調技術傳入台灣時，冰水機效率普遍在 0.9kW/RT 左右，那個時候之冰水機設計溫差為 5.6°C（英制為 10°F，冰水與冷卻水皆相同），現今冰水機之效率往往高達 0.6~0.65kW/RT，合理的冰水機設計溫差為 8°C，只是台灣夏季之外氣濕熱，冷卻水塔提供之冷卻水溫高達 32°C，冰水機之冷卻水溫差以 6°C 為宜，至於冰水機之冰水溫差，雖然合理設計值為 8°C，但要看負載側能不能高達 8°C，當負載側冰水溫差僅 7°C 時，如果冰水機設計溫差為 8°C，冰水機是無法運轉在滿載工況的。

　　提高冰水機溫差是廿一世紀之節能趨勢，原因為近幾年來冰水機之效率大幅提升，冰水機耗電量降低了，水泵耗電量如果不變，水泵之耗電權重將越來越高，要再降低冰水主機場之耗電量，必須從增加冰水機之水溫差著手。

　　近幾年來，將冰水機冷卻水溫差從 5°C 提高為 6°C 成為制式之價值工程，除了可以減少水泵流量與管線尺寸外，也可以降低冰水主機場之耗電量。

　　或許有人會認為冷卻水泵之耗電量僅佔冰水機的 10%，但這是指設計條件、並非實際操作條件，而且廿一世紀以來，冰水機之平均效率大幅提高 30%、冷卻水泵之耗電權重已明顯提高，而且冰水機之實際負載又經常操作在半載左右，在選用相同冰水機之情況下，冷卻水溫差從 5°C 提高為 6°C 時，冰水機之運轉效率雖然會

稍微下降，但冷卻水泵所減少之耗電量，往往會比冰水機所增加之耗電量還多。

如果冷卻水溫差從 5°C 提高為 6°C 時，選用效率維持不變之冰水機，冰水機之造價當然會增加，但水泵與管路之造價則會降低，整體造價是不會增加的，但卻可以大幅減少冷卻水泵之耗電量。

提高冰水機溫差是空調系統導入節能減碳之重要項目，台灣綠建築新版節能規範曾提議限制冰水機溫差不得小於 6°C，這已經是很保守的改變，後來沒有正式列入綠建築新版節能規範，是違背全球之節能趨勢的。

在台灣綠建築公布新版節能規範前，就有空調技師設計 7°C 之冰水機溫差，冷卻水設計 32/39°C、冰水則設計 7/14°C，雖然符合全球之冰水機節能設計趨勢，但仍然值得檢討。

當冰水機冷卻水設計在 39°C 出水溫度，雖然設計條件之冰水主機場耗電量會更低，但冰水機之冷媒高壓會有偏高風險。

至於冰水系統負載側大部分是 on/off 控制閥的 5°C 冰水溫差傳統 FCU 時，設計者可能不知道傳統 FCU 之冰水溫差僅 2~3°C，5°C 冰水溫差之冰水機、流量已經嚴重不足，未改善負載側冰水溫差而提高冰水機之冰水設計溫差，冰水流量不足之問題將會雪上加霜！

實務上，要設計 7°C 之冰水溫差，除了要設計 7°C 冰水溫差之 FCU 外，還要加強水路平衡設計與確實進行平衡作業，空調箱還必須設計 8°C 以上之冰水溫差，來補償 FCU 冰水溫差偏小之問題。

熱管熱交換真的可以節能嗎？

　　筆者 2000 年回母校台北科大冷凍空調研究所修碩士、並兼任研究員,恰逢台灣電子高科技產業正在起飛，於是以新竹與台南科學園區的晶圓廠為標的，帶一組學生評估統計 MAU 冷卻盤管前後熱交換之節能效益，意外造成業界針對 MAU 設置 Run Around 之風潮。

　　勝新空調曾經接到裝置熱管來節能的 MAU（外氣空調箱）個案，詢問筆者效益如何？

　　MAU 之外氣必須經由冷卻除濕後再熱，在冷卻盤管前後熱交換，可以引用外氣熱能作為再熱、同時用再熱後之低溫出水對外氣預冷，看起來是可以達到雙重節能之目的。

　　進一步檢討，冷卻除濕後之空氣為什麼需要再熱？是怕 HEPA 受潮、還是怕化學過濾網因吸附水分子而減短壽命？再熱是雙重耗能的濕空氣處理程序，雖然在冷卻盤管前後熱交換，可以利用熱管之雙重節能來免去雙重耗能，但是仍然會增加風車馬達之耗電量，一定要有明顯目的，否則不應如此設計。

　　如果外氣空調箱操作在固定風量之滿載工況下，風車耗電量維持恆定，然而外氣溫度並非持續維持在高溫狀態，熱管之節能效益將會隨氣候而變，熱管是否具有節能效益，必須全年逐時估算節能與耗能才能判斷？

　　裝置熱管節能之 MAU，其實也是冷卻盤管前後熱交換，在冷卻盤管前後設置熱管來進行熱交換，可以引用外氣之熱能進行再熱、同時利用冷卻盤管離風之冷能

對外氣預冷，在筆者碩士論文中也提到此種節能措施；但論文僅是學術研究，值不值得落實應用，那必須進行效益評估才行，筆者於是將勝新空調提供之熱管供應商資料輸入節能評估平台，結果發現熱管之節能效益竟然小於 MAU 增加之風車耗電量！

姑且不去檢討 MAU 冷卻除濕後再熱之必要性、或是再熱到何種濕空氣條件較適當？評估中已經發現熱管之節能效益小於 MAU 增加之風車耗電量，那熱管將不具效益，如果沒有進行節能評估作業就設置熱管，將成為熱管廠商「假節能真生意」的幫兇，這樣對出錢的業主是很冤枉的！

冷卻盤管前後熱交換是否具有節能效益，取決於熱交換效率、風壓降與冷卻盤管進離風之溫差，如果熱管之效率高一點、風壓降小一點，也許熱管就值得應用在冷卻盤管前後熱交換；此外，冷卻盤管進離風之溫差越大，冷卻盤管前後熱交換之效益就越高，無論採用熱管或是盤管水路循環都一樣，所以應用在冷卻盤管離風溫度較低之晶圓廠，其效益自然會高於 TFT 光電廠。

當熱管應用在室內循環除濕之冷卻盤管前後熱交換時，好像冷卻盤管之進風溫度沒有外氣空調箱之外氣來得高、節能效益會差一點；其實這是誤解，室內溫度雖然會比外氣之設計條件低，但外氣溫度隨氣候而變，如果室內溫度恆定，熱管應用在室內循環除濕之冷卻盤管前後熱交換，其節能效益反而會比較高，尤其用在蒸發器冷卻除濕、冷凝器再熱之除濕機，還可以減緩除濕機離風溫度偏高之現象。

取消二次冰水泵真的可以節能嗎?

有一次空調技師聚會,廿幾人的大圓桌匯集了很多位資深技師,閒聊時有位中生代技師談到冰水機一次變流量設計:「取消二次冰水泵真的可以節能嗎?針對管路長短分區、分別設置二次冰水泵應該比較節能吧!」

接著有一連串的對話...,資深技師:「台積電都採用冰水機一次變流量設計了,這是趨勢。」

中生代技師重複表達:「依管線長短分區、分別設置二次冰水泵應該比較節能。」

另一位資深技師:「設置二次冰水泵會有混水問題,台積電之晶圓廠很在意冰水溫度的。」

真相如何?如果沒有相當高的專業程度,鐵定無法分辨到底誰對誰錯?無論是中生代技師或是資深技師,一定有相當多的經驗,會依造個人的經驗判斷對或錯,但每位技師的經歷範疇不同,看法也一定會不一樣,筆者針對以上對話,分別探討不同背景該如何設計最適當之冰水系統:

一、針對管線長短分區、分別設置二次冰水泵,應該會
　　比較節能。

針對管線長短分別設置區域泵,是很容易理解之節能措施,但真的所有個案都適合這樣設計嗎?如果是輻射狀冰水分布,東、西、南、北方向之水路壓降差異很大,東、西、南、北分別設置區域泵,當然可以降低水泵之耗電量的;但如果各區水路壓降差異不是很大、而且負載變動不一致時,設置共同二次冰水泵,不但造價

171

會比較低，而且共用冰水輸送幹管，冰水泵之操作揚程可以降低，反而得以減少冰水泵之運轉電費。

進一步說明，當水路之分布不是輻射狀、而是共同幹管時，依水路壓降差異分別設置區域泵，不但花錢、而且可能更耗電，因為共用二次冰水泵，輸送幹管之管路摩擦阻力通常會比較小。

二、台積電都採用冰水機一次變流量設計了，這是空調冰水系統之設計趨勢。

台積電取消二次冰水泵、利用冰水機之冰水泵直接對映負載之降低而降頻，當然可以減少冰水機之冰水器水壓降，相較於一次冰水泵採定頻操作之一、二次冰水系統，冰水泵之耗電量普遍可以降低，但台積電的設計可以複製到所有個案嗎？

台積電的冰水系統規模很大，可以設計多台大小相同之冰水機並聯，冰水泵與冰水機間之配管，無論一對一配置或多對多配置皆可以；但一般中小型冰水系統，通常會設置大、小冰水機並聯，冰水泵與冰水機間之配管如果採用一對一配置，會有大、小冰水泵之並聯變頻問題，冰水機有冰水流量驟減而跳機之虞！

大、小冰水機並聯之冰水系統，如果冰水泵與冰水機間之配管採用多對多配置，冰水機出口必須增設控制閥與平衡閥，這種設計對於中小型冰水系統將是明顯負擔，而且當小冰水機之冰水流量偏小時，必須開啟冰水旁通控制閥來增加冰水泵之流量，那大冰水機之冰水流量也會增加，除了冰水泵之實際耗電量會提高外，冰水機之冰水出水溫度，也會有偏高之虞！

172

換句話說：取消二次冰水泵、利用冰水機之冰水泵直接對映負載之降低而降頻，真的是節能導向嗎？其實不是，而是試圖用來降低造價！但實際造價之降低卻相當有限，反而會因小冰水機因冰水流量偏低而開啟冰水旁通控制閥時，大冰水機之冰水流量也跟著增加。

　　進一步檢討，高科技電子廠房通常會設計雙冰水溫度系統，僅供應外氣空調箱再冷除濕之低溫冰水系統，採用冰水機一次變流量之設計，基本上可以符合節能減碳之設計目標，但供應外氣空調箱預冷除濕與設備冷卻之中溫冰水系統，採用冰水機一次變流量之設計其實很耗能，因為春秋季節之外氣空調箱預冷除濕，實際負荷將會大幅降低，但冰水泵為了滿足設備冷卻之需求，必須持續操作在高揚程工況，使得外氣空調箱預冷除濕之冰水控制閥開度很小，明顯是冰水泵拼命加油、控制閥猛踩剎車之高耗能動作。

　　節能導向之冰水系統設計，應該把二次冰水泵放在負載側之終端設備（如空調箱或 FCU 群組），來減少傳統冰水系統之基本需求壓差（如空調箱或 FCU 群組之分路壓差）耗能，終究控制閥因負載降低而關小，其實就是冰水泵加油、控制閥踩剎車之耗能動作，節能導向之冰水系統設計，應該盡可能減少這些耗能動作。

　　將二次冰水泵放在負載側之 FCU 群組，建置 FCU 群組之終端冰水泵，並利用冰水回水溫度之低限，來控制 FCU 群組之終端冰水泵，構成 FCU 群組之動態水路平衡，除了減少冰水泵之耗電量外，也可以避免 FCU 群組之冰水溫差偏低。

三、設置二次冰水泵會有混水的問題，台積電之晶圓廠
　　很在意冰水溫度的。

　　這是典型將不正常冰水系統當成常態的錯誤經驗，
這個議題值得檢討，因為業界之冰水系統普遍存在這個
問題！

　　為什麼會有混水問題？因為一、二次冰水系統之一
次冰水流量小於二次冰水流量，二次冰水泵抽取之冰水
除了一次冰水泵經由冰水機送出之低溫冰水外、還包括
較高溫之部分負載側冰水回水，結果冰水供水溫度就因
混水而偏高了！

　　正確的冰水系統設計，必須讓實際運轉工況之冷源
冰水流量不小於負載側之冰水流量，因此負載側之冰水
溫差一定不能小於冰水機之冰水溫差；換個角度來說，
冰水機之設計溫差是不能大於負載側之冰水溫差的，否
則冰水機將無法操作在滿載工況。

　　事實上，負載側冰水溫差普遍偏低之個案，都是大
量採用 FCU 之商用空調系統，由於 FCU 之水路平衡設
計或平衡作業不確實，才造成冰水溫差僅 2~3°C，台積
電的廠房都是採用比例式控制閥來控制冰水流量，其實
沒有負載側之冰水溫差偏低問題，因此無論是否有二次
冰水泵，功能上都沒有問題。

　　當負載側之冰水溫差小於冰水機之冰水溫差時，不
管有沒有設計二次冰水泵，冰水機都將無法運轉在滿載
工況，基於節能減碳之設計目標，這種負載側冰水溫差
偏低之現象，應該加以避免、不應該讓它持續發生！

其實也可以利用自然冷卻來製造冰水

自然冷卻無疑是事半功倍之節能減碳措施，是節能工作者必要積極推動之項目，如果引用外氣之冷風來進行自然冷卻，除了可以大幅減少冷氣設備之耗電量外，還可以得到優質之室內環境品質；對於無法引用大量外氣來進行自然冷卻之空調冰水系統，亦可引用外氣空調箱或冷卻水塔之冷卻水來對冰水預冷，藉以減少冰水機之負荷與耗電量。

有一次工研院詢問筆者是否有空到觀音工業區來參與能源查核？當天筆者另有行程、已告知不刻參加，但聽到是綠能科技、則改口要參加，正常能源查核之行程是早上 9 時開始、下午 4 時結束，當天工研院調整查核程序、方便筆者於下午 2 時先行離開。

當綠能科技簡報完成後，筆者隨即提出台灣太陽能長晶廠不合理之冷卻系統，並建議改善方案。

綠能科技長晶廠裝設有 350RT 螺旋式冰水機 5 台，都是母公司生產之大同牌冰水機，這 5 台冰水機與大容量離心式冰水機之效率一定有差距，一般節能專家通常會從冰水機效率之提升著手，但由於大同集團之經濟策略，改成高效率離心式冰水機是難有成效的。

筆者針對長晶廠冷卻系統架構提出建議說明：寒帶國家之太陽能長晶廠是用冷卻水塔進行自然冷卻、不須設置冰水機，台灣天氣比較熱、必須設置冰水機來製造冰水，但是天氣並不是一直很熱，為什麼要完全靠冰水機的冰水來冷卻呢？

春秋冬季應善用冷卻水塔之自然冷卻功能，雖然不能完全免除冰水機之冷卻需求，但可以用冷卻水塔進行自然冷卻之冷卻水，來減少冰水機之負荷。

　　事實上，如果善用冷卻水塔之自然冷卻功能，對於長晶廠之高冰水溫度工況，冰水機之操作頻率將大幅降低，冰水機效率偏低問題就顯得不是那麼重要了！

　　事後綠能科技多次來電詢問改善細節，當時筆者真希望自己已經退休，能夠以公益型態來協助綠能科技，因為這牽涉到很多專業與時間，於是不得已婉轉說明：我可以幫貴廠介紹節能改善公司，如果貴廠習慣固定承包商，我也可以幫貴廠介紹顧問公司。

　　台灣普遍缺乏受益者付費的觀念、尤其是面對技術費用，也許廠務必須對老闆負全責、無法爭取額外的資源，這是台灣節能推動成效最大的罩門。

　　所幸很多大型企業已經成立節能子公司，終究從企業內推動節能總是比較單純的，只是節能子公司之人力素質將左右實際之節能成效，於是筆者經常思考：如果能免費輔導業界之節能公司，肯定會有顯著成效的。

　　充分應用自然冷卻來降低冰水機之耗電量，除了太陽能長晶廠之冷卻系統外，資訊機房與半導體長晶廠之冷卻系統也有相同特性，甚至於晶圓廠與光電 TFT 廠之中溫冰水系統，也應該充分利用自然冷卻來降低冰水機之耗電量，譬如在氣溫很低之冬季，利用冷卻水塔或外氣空調箱來對中溫冰水系統之冰水回水預冷，藉以減少冰水機之耗電量。

如何利用冷卻水塔進行自然冷卻？

自然冷卻對台灣之氣候來說，是處於尷尬之狀態，因為台灣夏天不會很熱、冬天也不會很冷，自然冷卻之空間「有、但不是很大」。

商用空調可以引用外氣來進行自然冷卻，冬季還有很大空間，宴會廳等高室內熱負荷之場所，大量引用外氣來進行自然冷卻之空調冷氣系統，成為節能減碳之重要設計；至於電子廠等產業空調，由於面積較大、不易設置大面積之進排氣百葉，大量引入外氣也會增加潔淨處理與加濕之負擔，利用冷卻水塔來進行自然冷卻，成為比較合適之方式。

對於冷卻水塔自然冷卻之應用，筆者首推雲端科技之伺服器機房空調冰水系統，2010 年台積電在檢討 IT（Information Technology，資訊科技）機房之節能措施時，筆者就強烈建議提升 IT 機房之空調冷氣回風溫度，目的是要提高空調冰水回水溫度，來增加冷卻水塔之自然冷卻空間。

筆者建議台積電將 IT 機房之空調冷氣回風溫度提升至 35°C 以上，來盡可能提高空調冰水之回水溫度，台積電經檢討後則將回風溫度提升至 38°C。

筆者最近與空調界前輩趙總討論到冷卻水塔之設計與控制，趙總提到某個案冷卻水塔之冷卻水進出水管沒按裝控制閥，當冰水機僅運轉一部時，冷卻水分布到所有冷卻水塔、但僅運轉一台冷卻水塔之風車馬達，造成風車馬達停止運轉之冷卻水塔散熱不良，使得冰水機

操作在較高之冷凝溫度下，增加可觀之冰水機耗電量，於是建議業主增設冷卻水塔之冷卻水進出水管控制閥，來配合冰水機散熱需求、開啟適當之冷卻水塔台數。

冷卻水塔之風車馬達關閉時，冷卻水塔之冷卻水進出水管也應一併關閉，否則離開冷卻水塔之冷卻水溫度會大幅偏高，但筆者仍然無法認同此種改善方式，在冷卻水塔進出水管增設控制閥，或許對該案例可以減少耗電量，但如果改善冷卻水塔之低水量散水性能，風車馬達則配合冰水機運轉台數減少而適時降頻，不但可以減少風車馬達耗電量，而且還可以降低冷卻水溫度，減少冰水機之耗電量。

讀者試想：可以操作在較大之冷卻水塔散熱面積，為什麼不要？當風車馬達由 60Hz 降頻為 35Hz 時，馬達耗電量可以減少 80%，也就是說 5 台操作在 35Hz 之風車馬達，耗電量與 1 台操作在 60Hz 之風車馬達相近，當冷卻水塔操作台數在 5 倍以下，風車馬達是可以減少耗電量的。

對於低水量散水良好之冷卻水塔，增加冷卻水塔之散熱面積，可以減少冷卻水塔之趨近溫度、降低供水溫度，使冰水機之效率因冷凝溫度下降而提高；由此可見，系統改善的方向應著重在冷卻水塔低水量散水能力，而不是在冷卻水塔進出水管增設控制閥。

對於產業用空調系統之自然冷卻，由於室內潛熱較少，冬季大量引入外氣會造成室內相對濕度偏低，必須對外氣進行加濕，有些必須維持潔淨環境之場所，還有

外氣過濾之負擔;因此,利用冷卻水塔來進行自然冷卻,有時候會比外氣自然冷卻還合適。

由於台灣冬天之濕球溫度不是很低,使得冷卻水塔無法提供很低溫的冷卻水,在考慮開迴路冷卻水塔之特性,冷卻水對空氣灑水進行蒸發冷卻,等同對外氣進行水洗,因此冷卻水會比冰水髒很多,不適合直接將冷卻水引接至冰水系統,必須設計熱交換器來隔離冷卻水與冰水,使得冷卻水塔供應之冷卻水溫度,必須增加熱交換器之趨近溫度,如果沒有大幅提高冰水之回水溫度,冷卻水塔自然冷卻之效益將大打折扣。

假設冰水之供回水溫度為 $10^{\circ}C/20^{\circ}C$,當冷卻水塔供應之冷卻水溫度為 $17^{\circ}C$、熱交換器之趨近溫度為 $1^{\circ}C$ 時,則可將 $20^{\circ}C$ 之冰水回水溫度預冷至 $18^{\circ}C$、減少 20%之冰水機負荷。

以 2009 年台北之氣象統計資料,外氣濕球溫度低於 $14^{\circ}C$ 之時數達 1,132 小時,當冷卻水塔之趨近溫度為 $3^{\circ}C$、冰水之供回水溫度為 $10^{\circ}C/20^{\circ}C$ 時,每年會有 1,132 小時可以減少 20%以上之冰水機負荷。

或許讀者覺得這樣節能不夠多,那要求冷卻水塔改善低水量之散水性能,冬天冷卻水塔負載較低時如能將趨近溫度減半,冷卻水溫度低於 $17^{\circ}C$ 之時數則增加為 1,570 小時,而且熱交換器在趨近溫度 $1^{\circ}C$ 之工況下,每年將有 1,132 小時之時間可以將冰水從 $20^{\circ}C$ 預冷至 $16.5^{\circ}C$、減少 35%以上之冰水機負荷。

半導體晶圓製造、封測測試與光電 TFT、CF 等電子廠之 Dry Coil (乾盤管,室內循環冷卻之盤管) 冰水系

統，將冰水之回水溫度提高至 20°C 並非難事，製程冷卻水甚至可以提高至 25°C 以上，這對冷卻水塔之自然冷卻應用會有很大空間。

在節能減碳之廿一世紀，台灣電子廠應該利用冷卻水塔之自然冷卻功能，來減少冬季之冰水機負荷，這是電子產業節能工作者可以積極開發之項目。

至於 IT 產業，散熱不良是因通風滯塞所造成，在雲端世代之伺服器，單位建築面積之發熱量與日俱增時，如果執意用更低之冷卻溫度來散熱，冰水機之耗電量將越來越大。

雲端世代之晶片耐候性已大幅提高，應盡可能提高回風溫度來減少冰水機之冷卻權重、盡可能由冷卻水塔來執行冷卻任務，甚至試圖提高冰水供水溫度，終究善用自然冷卻功能才是節能王道。

當冰水供回水溫度為 10°C/20°C，冷卻水塔之冷卻系統足以將冰水預冷至 18°C 時，冰水機之負荷可以減少 20%；如果冰水供回水溫度提高為 13°C/23°C，冷卻水塔之冷卻系統同樣將冰水預冷至 18°C 時，冰水機之負荷則可以減少 50%。

總而言之，在高緯度地區，氣溫較低之冬季，可以利用冷卻水塔來替代冰水機，但在亞熱帶地區的台灣，除非大幅提高冰水供回水溫度，否則是不可能的任務；如果利用冷卻水塔提供之低溫冷卻水，來做為冰水系統之預冷、降低冰水機之負荷，對於亞熱帶地區的台灣，仍然會有很大之節能空間。

應該做好外氣分布與平衡！

　　台灣地區之外氣普遍濕熱，引入外氣之冷卻除濕必須耗用可觀之能源，外氣給的太多時、往往會增加能源費用，外氣給的太少、則無法讓室內環境之 IAQ 達標；因此，外氣引入時必須做好外氣分布，外氣引入系統之設計，必須考量外氣平衡之需求。

　　外氣分布與平衡要做好，首先要解決風管普遍漏風之問題，應先進行嚴謹的風管洩漏測試，否則對於大風量之冷氣風管平衡都搞不定，如何做好小風量之外氣分布與平衡？除此之外，外氣平衡元件之選用亦相當重要，目前業界普遍採用單片圓形風門，必須特別注意風門之風速與氣密，否則奢談外氣平衡！

　　針對空調風管系統之風量調節設計，方形風管系統不能選用平開式風門、必須選用對開式風門，否則很難調節風管系統之風量，讀者試想：圓形風管為什麼可以選用單片式圓形風門呢？

　　單片式圓形風門之特性與方形平開式風門相似，風量調節之性能很差，必須靠較高之風速才能免強達成平衡作業！基於節能減碳或噪音限制而降低風速，單片式圓形風門就無法完成外氣平衡之任務了！

　　針對小風量之外氣，利用等摩擦法所訂出之外氣支風管尺寸，外氣支風管之風速都相當小，必須有阻尼較大之雙片對開式圓形風門，外氣之分布與平衡工作才比較容易達成，進口雙片對開式圓形風門很貴，筆者於是積極催促顯隆機械開發雙片對開式圓形風門。

如何回收空調冷卻除濕之冷凝水？

　　台灣的氣候相當潮濕，夏季、甚至春秋季開啟冷氣時，冷卻盤管會排出很多冷凝水，當汽車停在停車場時，會留下一灘水漬，如果是家用冷氣機沒銜接冷凝水排水管時，冷凝水之滴答聲會影響樓下鄰居安寧。

　　由於台灣的氣候經常下雨，大家不覺得水資源的珍貴，水資源回收所減少之水費也相當有限，通常只要冷凝水不造成噪音問題，直接放流也沒有人管。

　　其實夏季在台灣開啟冷氣機時，每冷凍噸的冷氣機（3024kCal/hr），每小時會有 2 公升左右的冷凝水，直接放流其實是相當不環保的，如果引用冷凝水做為庭院或盆栽之灌溉，不但節能減碳、而且可以減少灌溉之頻率，是值得即刻執行的巧思！

　　針對空調冷凝水之回收，曾經有電子廠試圖利用外氣空調箱之冷凝水，對外氣進行預冷除濕，來進行冷凝水之冷能回收，這種構思邏輯沒錯、卻不務實，因為外氣空調箱之冷凝水冷源，對外氣冷卻除濕所需之冷源來說，其實是杯水車薪！

　　以 150,000CMH 之外氣空調箱冷卻除濕為例，以 6°C/12°C 之冰水供/回水，將夏季 35°CDB/28°CWB 之外氣冷卻除濕至 10°CDB/100%RH，需求冷源、冰水流量與冷凝水量分別為 849RT、7,127LPM 與 40LPM，40LPM 之冷凝水對於 7,127LPM 之冰水流量真的是杯水車薪，即使匯集 10 台外氣空調箱之冷凝水，來供給一部外氣空調箱之預冷除濕冷源，也無實質效益。

也有設計者將外氣空調箱之冷凝水匯集後，利用水泵將冷凝水送至熱負荷較高之場所（如電氣室），其實這種設計也無實質效益，因為外氣空調箱之冷凝水並非恆定，會隨外氣條件改變，冷凝水有可能會大幅減少，並無法提供穩定之冷源。

　　那也不是不用考量冷凝水之回收，對於設有水冷式冰水機之中央空調冰水系統，500 冷凍噸的空調設備，每小時會製造 1,000 公升左右的冷凝水，如果將冷凝水引至冷卻水塔，則可減少大約 25%的冷卻水塔補給水。

　　或許台灣的自來水相當便宜，節省 25%的冷卻水塔補給水並不具吸引力，但如果將空調設備之冷凝水收集到冷凝水槽，再利用揚水泵將冷凝水送至冷卻水泵進水管，冷卻水經冷卻水塔散熱後，再與低溫的冷凝水混合，可以得到更低溫的冷卻水，除了水資源之回收外，可以優化冰水機之散熱效果、提高製冷能力。

　　利用冷凝水來改善冰水機之散熱，進入冰水器之冷媒溫度將下降，可以增加冰水機之冰水器冷媒焓差，除了提高冰水機之效率外，在不變之冷媒流量工況下，冰水機之製冷容量也會增加。

　　冷凝水回收之節能措施，不僅可以節省水資源，還可以減少冰水機之耗電量，而且冰水機之製冷容量也會提高，對於實質製冷容量之設計，冰水機與水泵、管路之成本將減少，雖然必須增加冷凝水回收之設施成本，但整體費用並不見得會增加。

如何操作並聯水泵之運轉台數？

1990 年代，中技社曾經針對台積三廠與四廠進行設備效率量測，水泵運轉效率普遍在 60%以下；令人不解的是，台積電採購的水泵效率通常在 80%左右，為何實際量測效率不到 60%？

深究其原因，主要是水泵實際操作流量遠大於設計流量，運轉點大幅偏右所致。

當兩台水泵並聯時，一台水泵因需求流量減少而停止運轉時，運轉中之水泵運轉點會因系統管路壓降減少而偏向右側（水泵實際流量增加、揚程降低，如下圖所示），如果設計條件之水泵運轉點趨近於 BEP（最高效率運轉點），水泵運轉效率通常會因而下降，水泵進出管路之壓降也會因流量增加而提高。

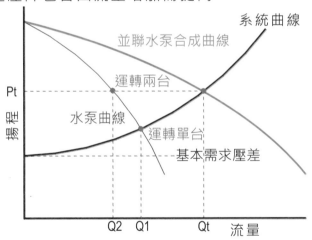

如果並聯水泵以同步降頻來因應需求流量減少，水泵進出管路之壓降會因流量減少而降低，水泵之運轉點

也不會大幅偏向右側，於是以並聯水泵同步降頻來因應負荷之降低，成為業界節能操作的經驗法則。

真的以並聯水泵同步降頻來因應負荷之降低，是最節能的操作方式嗎？

友達廠務曾經實測不同操作方式之並聯變頻冰水泵耗電量，發現兩台冰水泵並聯降頻運轉時，實際總電流低於三台冰水泵並聯降頻運轉之情形，於是對並聯水泵同步降頻之經驗法則提出質疑，並詢問 LEED 輔導團隊，是何種原因所造成？

筆者解釋：水泵之實際耗電量，等於流量乘上揚程再除上水泵與馬達之效率，當馬達負載低於 50%時，實際效率會隨負載之減少而逐步降低（如下圖所示），當冰水需求流量很小時，運轉三台降頻之並聯水泵，傳動馬達之負載很小，馬達之運轉效率會因而大幅降低，此時如果停止一台水泵運轉，馬達效率會因負載增加而提高，整體水泵之運轉電流或許會因而減少。

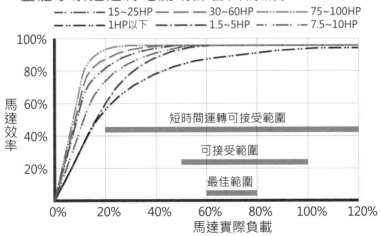

換句話說：在一定流量及揚程之工況下，水泵馬達之耗電量，除了會因水泵效率降低而增加外，也會因馬達效率降低而提高，水泵與馬達之效率必須兼顧，如果為了避免水泵之效率下降，而增加水泵之運轉台數，反而會造成馬達之效率大幅降低，水泵之實際耗電量是無法減少的。

　　對於三台水泵並聯之水路系統設計，在選用水泵之型號時，如果運轉點能選在 BEP 之左側，當需求流量降低而減少水泵運轉台數時，水泵運轉點反而會偏向高效率區帶，而且還可以減緩馬達效率因負載過低而下降，兩台並聯降頻水泵之耗電量低於三台並聯降頻運轉，應該是常態之現象。

　　由於空調冷氣負荷減少 50%時，冰水流量會遞減78%，當空調冷氣負荷經常處於 50~70%時，需求冰水流量會在 22~38%之間，對於三台冰水泵並聯之系統，其實僅需開啟一台冰水泵就已經足夠；因此，針對空調冰水系統之設計，水泵如果能依 BEP 左側之運轉點來選型，當冰水需求流量持續降低，而減少冰水泵之運轉台數時，可以避免冰水泵運轉在低效率工況，當需求冰水流量很低時，亦可以僅開啟單台冰水泵來避免或減緩傳動馬達效率之下降。

空調儲冰可以省電費，是不是越大越好？

　　儲冰空調設備不但會增加造價，而且必須占用較多之建築空間，如果設置很大之儲冰空調設備，氣溫較低之春秋季節，會造成部分儲冰空調設備閒置，這對於投資者來說是非常不划算的！

　　筆者經常說：「設置儲冰空調設備像吃補藥，適量吃有益身體健康，吃太多不但花錢還傷身。」

　　如果沒有冰水機之設置，僅以滷水機兼製冰與空調模式用，除非花大錢設置全量儲冰，否則夏季電費很高時，還要開啟低效率之滷水機來兼空調機使用，儲冰空調設備一定會增加很多耗電量，而且滷水機操作在空調模式，也會抵消儲冰空調系統省電費之效益。

　　如果設計沒有搭配冰水機之分量儲冰空調系統，在實際之操作面，操作者擔心夏季儲冰槽無法滿足尖峰空調冷氣負荷之需求，而優先操作在滷水機空調模式，這種保守之操作方式，經常會因而大幅增加儲冰槽之殘冰率，使得儲冰空調設備之效益大打折扣，甚至空調電費反而比傳統冰水機系統還高，因而造成連省電費之功能都無法達到！

　　設計儲冰空調系統時，儲冰設備不宜設置太大，否則不但花大錢、經濟效益較低，甚至有可能無法省電費，是非常不划算的；因此，對於尖峰冷氣負荷達 1000RT 之個案，儲冰空調系統必須搭配 500RT 以上之冰水機，儲冰設備用來替代小冰水機，這樣才能充分發揮儲冰空調設備之實質效益。

如何設計小型冰水系統？

　　大部分人會覺得小型冰水系統很簡單，裝台小冰機搭配三通控制閥的 FCU 就可以了，其實這種簡單的小型冰水系統，有非常多的缺點需要改善。

　　筆者設計過某住宅大樓個案，一樓除大樓公共設施外，其他空間全部做為商用，由於沒有適當地點可以擺設分離式冷氣機之室外機，如果將室外機擺在門口，除了會影響觀瞻外，也會讓人行道與商店門口之環境變得很熱，同時還會增加冷氣負荷，於是設計 30RT 冰水機搭配 60RT 冰水機之小型冰水系統，各戶商店再用 BTU 表計費，並將負責散熱之冷卻水塔擺設在 8 樓露臺。

　　大、小冰水機之中央冰水系統設計，看起來好像沒有甚麼問題，但事實上卻碰到問題，因為氣溫很低之春秋季節，30RT 之冰水機仍然起停頻繁，甚至無法應付 24hr 營業之便利超商，讀者有甚麼改善方案？

　　將冰水中央系統改成各戶獨立設置之分離式冷氣機，室外機統一設置在 8 樓露臺？

　　這種方式自然會比將室外機擺設在商店門口好非常多，但仍將面對下列幾個問題：

1. 分離式冷氣機之冷媒管越長，製冷能力將越小、效率則越差，必需裝設較大型號之分離式冷氣機，不但會提高設置費用、日後也要付比較多的電費。
2. 多台室外機統一設置在 8 樓露臺，會有熱島效益之熱量疊集問題，室外機之進風溫度每提高 $10^{\circ}C$，除了耗電量會增加 30% 外，製冷能力也會減少 7.5%。
3. 各戶雖然獨立設置分離式冷氣機，但室外機統一設置在 8 樓露臺，仍然會有統一管理之需求。

大、小之冰水機配置，雖然是中央冰水系統之標準設計方式，但兩大、兩小之冰水機才能夠應付春秋季之低負載需求，這對於 90RT 之冰水系統，如果設計兩台 10RT 冰水機來搭配兩台 40RT 冰水機，用來替代分離式冷氣機，並不符合高性價比之設計。

讀者試想：如果設計小型儲冰設備搭配冰水機，用小型儲冰設備來替代冰水機呢？

小型冰水系統之冰水機，如果因為起停頻繁而故障時，筆者都會建議將膨脹水箱改成小型儲冰水槽，利用儲冰水槽之儲冷，來減少冰水機之起停次數；對於新建置之個案，如果採用下圖之儲冰設備來搭配冰水機，其實也可以讓冰水系統更優化。

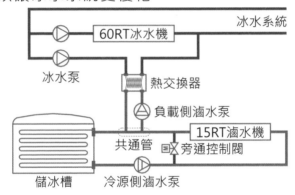

小型儲冰設備之滷水泵耗電量並不大，滷水機與儲冰槽並不一定要分別設置滷水泵，可以利用上圖所示之冷源側滷水泵，來兼做為製冰滷水泵與溶冰滷水泵，熱交換器再另外設置負載側滷水泵。

冷源側與負載側利用共通管來分耦合，建置負載側滷水管路之短路環境，當儲冰設備操作在製冰模式時，可以避免低溫滷水流經熱交換器。

兩大、兩小冰水機之冰水系統，小冰水機之製冷容量雖然很小，但低載工況之春秋季節，小冰水機仍然有可能會起停頻繁，利用上圖之 15RT 滷水機與儲冰槽，來搭配 60RT 之冰水機，可以免除這些疑慮。

　　當夏季冷氣負荷非常高時，除了開啟 60RT 冰水機外，經儲冰槽溶冰之低溫滷水（如 5°C 滷水）可以利用 15RT 之滷水機再降溫（如再降溫至 1°C），在相同滷水流量之工況下，利用熱交換器之滷水溫差增加，來提高冷源供應量。

　　處於冷氣尖峰負荷之工況其實很少，絕大部分之冷氣負荷，60RT 冰水機加上儲冰槽之溶冰，冷源供應量就已經綽綽有餘，甚至於不用開啟 60RT 之冰水機，利用儲冰槽之溶冰，就足以滿足冷源需求量。

　　當儲冰設備無需開啟滷水機再降溫時，可以開啟旁通控制閥來降低管路阻尼，提供冷源側滷水泵之降頻節能空間。

　　對於慣用三通控制閥之小型冰水系統，會讓負載側冰水溫差大幅減少，筆者碰過上述個案之負載側冰水溫差，竟然不到 1°C，造成 BTU 計無法確實量測。

　　由於提高冰水溫差是冰水系統之節能設計趨勢，尤其是儲冰空調系統，提高冰水溫差可以增加儲冰槽之儲冷容量；因此，冰水系統之負載側設計時，必須避免採用三通控制閥，最好採用兩通比例式控制閥，讓冰水流量能夠隨冷氣負荷之減少而降低，如果設計 FCU 時，也必須在 FCU 回水或 FCU 群組回水設置定溫閥，來避免冰水過流量，藉以維持負載側之冰水溫差。

如何因應變頻磁浮離心式冰水機？

如果冷卻水泵、冷卻水塔風車馬達與冰水泵持續操作在定頻工況，採用一般高效率冰水機，就足以讓冰水機散熱設備之耗電權重高到非常不合理，如果花大錢購買超高效率之變頻磁浮離心式冰水機，那冰水機散熱設備之耗電權重豈不是更高、更不合理！這種狀態可以等閒視之嗎？

如果考量性價比，設計者一定要檢討冰水機散熱設備之耗電權重，設置大、小冰水機雖然可以避免散熱設備之耗電權重大幅提高，但要搭配超高效率之變頻磁浮離心式冰水機，光設置大、小冰水機，散熱設備之耗電權重仍然會偏高，要讓散熱設備之耗電權重趨於合理，冷卻水塔與冷卻水泵馬達非採用變頻不可。

冷卻水塔風車馬達與冷卻水泵傳動馬達之變頻設計，技術上馬上面臨冷卻水塔低水量之散水性能問題。

冷卻水泵降頻時，冷卻水塔之冷卻水量會減少，如果造成冷卻水塔之冷卻水散水不均，散熱風車之氣流將大幅流經沒有冷卻水之散熱材（風阻較小），有冷卻水之散熱材風量已經不足，冷卻水塔散熱已經處於不良狀態，如果冷卻水塔風車馬達隨著冰水機卸載而降頻，冷卻水塔之散熱狀態將更差，結果會大幅增加冰水機之冷媒高壓，冰水機之耗電量於是大幅提高；因此，對於水冷式冰水機之節能設計，提高冷卻水塔低水量之散水性能是當務之急，尤其是採用超高效率之變頻磁浮離心式冰水機。

如果冷卻水塔低水量之散水性能良好，冷卻水泵傳動馬達與冷卻水塔風車馬達可以隨冰水機之卸載而降頻，冰水機之負載減少 30%，冷卻水泵傳動馬達與冷卻水塔風車馬達降頻後之耗電量將大幅減少 60%以上，於是得以簡化冰水系統之設計，冰水機不需大、小配置，小型冰水系統之冰水主機場採用單一冰水機，只要設置適當之儲冰水槽，也不會面臨低載時之冰水主機場效率大幅下降，甚至效率會比滿載時還高許多。

如果採用超高效率之變頻磁浮離心式冰水機，必須試圖提高冰水機之操作效益，春秋季必須盡可能讓變頻磁浮離心式冰水機操作在適當頻率，當夏季冷卻水溫很高時，則必須限制離心式壓縮機之降頻，來避免壓縮機喘振；因此，變頻磁浮離心式冰水機不應該獨立設置，而必須搭配其他冰水機，讓變頻磁浮離心式冰水機與其他冰水機分別操作在適當負載。

花大錢選用變頻磁浮離心式冰水機來節能，就不應該放任冷卻水泵與冷卻水塔風車馬達等附屬設備之過度耗能；因此，選用變頻磁浮離心式冰水機時，首要工作必須解決冷卻水塔低水量之散水問題，來提高冷卻水泵與冷卻水塔風車馬達之降頻空間。

冷卻水塔之性能不能只針對設計條件，而是要以實際操作條件為檢討重點，這不但是冷卻水塔製造廠商的責任，更是空調系統設計者的任務。

如何設計熱回收冰水機？

　　熱泵製造必須面對較高之冷媒溫度，壓縮機與冷凍油之選用都比較嚴謹，對於熱水需求溫度不高之場所，並不一定要選用熱泵來製造熱水，可選用有熱回收冰水機（有獨立之熱回收冷凝器），或利用冰水機之冷卻水來進行熱回收，這種冰水機其實也是廣義的熱泵。

　　設計熱回收冰水機雖然可以減少可觀之能源費用，尤其是用來替代鍋爐製熱時之效益更高，但不能設計太大之熱回收冰水機，否則能源費用可能反而會提高！

　　以某電子廠之熱回收個案為例：設計者以 500RT 之熱回收冰水機提供外氣空調箱所需之熱水，熱水需量僅 100RT 左右，這種節能設計就不合理。

　　讀者試想：當外氣之濕球溫度為 20°C 時，冷卻水塔也許可以提供 22°C 之冷卻水，冰水機之冷凝溫度或許僅 24°C，為了提供 100RT 之 35°C 熱回收熱水，卻讓 500RT 熱回收冰水機操作在 37°C 之冷凝溫度，足足提高了 13°C，讓 500RT 熱回收冰水機之耗電量增加 30%左右，或許熱回收冰水機不一定操作在滿載狀態，但 70%負載所增加之耗電量就已經接近 70kW，操作熱回收冰水機反而會更耗能！

　　設計熱回收冰水機之目的是為了申請綠建築標章，如果該案依照原設計來施作，那真的是陷綠建築措施於不義！其實 100RT 之熱水需求，應該用 100RT 之冰水機來進行冷卻水熱回收才對，設計 500RT 之熱回收冰水機，真的差太多！

如何提高熱泵之效益？

　　針對空調冰水系統之個案，選用大、小冰水機並聯來應付夏季與春秋季之負載，是典型空調冰水系統設計之檢討方向。

　　如果利用多功能雙效熱泵來搭配空調冰水系統，夏季與春秋季熱泵同時製造熱水與冰水，冬季操作在氣對水製熱模式、由空氣取熱來製造熱水，當熱水用量較少、無需製造熱水時，熱泵可以用來做為小冰水機使用，讀者如果進行熱泵之價值工程檢討，會發現利用熱泵來替代小冰水機，光省下小冰水機與附屬水泵之建築機會成本，往往就足夠購買可靠、優質之多功能雙效熱泵，多功能雙效熱泵絕對是性價比非常高之設備。

　　龍潭高爾夫球場原來之盥洗與三溫暖熱水系統，會館區採用柴油鍋爐製熱、桿娣區則採用電熱鍋爐製熱，當麗 X 建設等入主龍潭高爾夫球場時，ESCO（Energy Service Company，能源服務業）廠商提送節能改善計畫，準備在會館區設置 30RT 熱泵來替代柴油鍋爐，提議以三年之能源價差充當工程費用，業主無須負擔設備與工程費用，看起來是相當划算之節能改善計畫。

　　改善計畫書要筆者提意見，筆者質疑：「桿娣區盥洗熱水系統為何沒設置熱泵？」
廠商回覆：「桿娣區盥洗熱水系統僅是桿娣在用，沒有會館區重要。」

　　這是錯誤觀念所造成的迷思，桿娣區的能源單價有比較低嗎？桿娣區採用電熱鍋爐來製造熱水，其電力之

能源單價應該會比柴油鍋爐還高，照理來說應該更值得設置熱泵才對！

筆者於是提議自設熱泵，會館區增設 40RT 之雙效熱泵與儲熱水槽，原有柴油鍋爐移作備載使用，桿娣區則增設 15RT 之氣對水熱泵與儲熱水槽，並獲得龍潭高爾夫球場的認同。

該案設備與工程造價為 420 萬新台幣，完工後分一年 12 期付款、每個月付 35 萬新台幣給承包商，結果每個月節省三十幾萬新台幣之能源費用，一年就回收了！

設置多功能雙效熱泵，可依需求切換水對水熱泵模式或氣對水熱泵模式，而且還可以當小冰水機使用，來避免冷氣負荷較低之春秋季節開啟大冰水機，這種高效益之節能改善措施，使得麗 X 建設往後之個案普遍設置熱泵，除了飯店外、還包括住宅大樓之三溫暖與游泳池等公設熱水系統。

龍潭高爾夫球場之盥洗與三溫暖熱水系統，會館區之所以設置 40RT 之雙效熱泵，係因為雙效模式切換時，渦卷式壓縮機之渦卷容易因液壓縮而破裂，然而螺旋式壓縮機之最小容量為 40RT。

會館區採用雙效熱泵，在夏季與春秋季製熱時，熱泵冷端可以製造冰水併入原有冰水系統，藉以減少冰水機之耗電量。

至於桿娣區設置 15RT 之單效氣對水熱泵，是因為桿娣區之冷氣係由分離式冷氣機供應，無法以冰水併入原有冷氣系統，而且基於可靠度，渦卷式壓縮機以單效熱泵為宜。

空調系統如何配合變風量 FCU 之設計？

　　一般大量採用 FCU 之空調冷氣系統，常見的問題是冰水溫差太小、冰水機無法操作在滿載工況，造成必須開啟較多台之冰水機，才能滿足冰水流量需求，結果除了冰水機因負載過低而效率下降外，還增加兩倍以上之冷卻水泵與冰水泵耗電量。

　　用室內環境溫度來控制 FCU 之風車轉速，當 FCU 之風車馬達運轉在轉速低限時，如果室內冷氣負荷持續降低，室內環境溫度將過低而增加冰水機之耗電量，對空調系統之實質節能並無貢獻。

　　如果已經設置了外轉子直流無刷馬達之 FCU，當空調冷氣負荷減少時，基於風車耗電量幾乎與轉速立方成正變，以手動適度降低風車轉速，是可以大幅減少風車之耗電量的，而且手動具防呆措施、不致造成風量過低而影響空氣分布，至於室內環境之溫度，仍然可以交由傳統之冰水控制閥來控制。

　　冰水溫差偏小之 FCU 空調冰水系統絕對不是特殊個案，負載側冰水溫差僅 2°C 左右之個案比比皆是，對於高效率冰水機採用偏小之 5°C 冰水溫差來設計，冰水機之冰水流量仍然遠遠不足（冰水流量與冰水溫差成反比），造成必須開啟製冷容量達兩倍半以上之冰水機，才能使空調冰水系統運轉正常、冰水溫度才不會偏高，結果會大幅增加冰水主機場之耗電量。

　　當 FCU 之冰水過流量很嚴重時，設計 5°C 冰水溫差之冰水機，冰水機之冰水流量尚且嚴重不足，如果配

合空調系統之節能趨勢，而將冰水機之冰水溫差提高至 6°C、甚至 8°C，無疑是讓冰水機之冰水流量不足問題雪上加霜。

　　針對冰水機效率大幅提高之世代，提高冰水與冷卻水溫差是空調節能之設計趨勢，提高冰水溫差絕對是非常值得推動；因此，在 FCU 空調系統之冰水溫差普遍過小時，提高 FCU 冰水溫差才是空調節能之當務之急，應大幅提高 FCU 之冰水設計溫差，而且必須以水路平衡與控制之方式來限制冰水回水溫度過低，尤其是選用外轉子直流無刷馬達之 FCU 時。

　　基於空調節能而設計外轉子直流無刷馬達之 FCU 時，應同時提高 FCU 冷卻盤管之冰水設計溫差（譬如將 5°C 提高為 7°C），並搭配冰水定溫控制閥來控制冰水流量，讓 FCU 之冰水流量隨冷氣負荷減少而降低；至於控制室內環境溫度之 FCU 風側設計，必須以 VAV 空調系統之特性，選用適合 VAV 之出風口，來避免冷氣負荷減少、冷風量降低時，造成冷風分布不均。

　　下圖即為適合 VAV 冷氣之出風口，左圖為附有導風片之線槽型出風口，右圖則為可以將圓盤調低之圓盤型出風口：

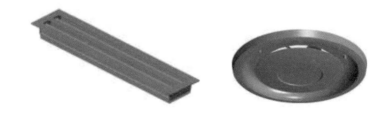

如何提高冰水溫度來節能！

　　提高冰水機之冰水出水溫度，冰水機之效率一定會同步提高，常態下之冰水機耗電量也一定會減少，但冰水泵會因流量提高而增加耗電量，空調箱風車也會因盤管排片較多、風壓降提高而增加耗電量，實際之節能效益如何？必須評估統計整年逐時之實際效益，否則因盤管排片增加而提高初設費用，又沒有足夠之節能效益、甚至於更耗電，那將得不償失！

　　2000 年代，有些電子廠個案以 12°C 之中溫冰水供應辦公室之 FCU 冷氣系統，結果造成 FCU 數量加倍，除了大幅增加造價外，冰水泵與 FCU 風車之耗電量亦大幅增加，是明顯得不償失之個案！

　　FCU 要設計中溫冰水來節能，一定要增加 FCU 之冷卻盤管熱交換面積，否則 FCU 數量加倍，除了風管、水管、配電與控制系統造價大幅增加外，FCU 風車之耗電量亦加倍，此時負載側之冰水溫差會減少，冰水泵因流量提高而大幅增加耗電量，冰水機因冰水回水溫度過低而無法運轉在滿載狀態，實際上被迫開啟更多台之冰水機，結果冰水機因負載過低而效率遞減，冷卻水泵因冰水機運轉台數增加而同步增加運轉台數，那是那門子的節能措施！

　　提高冰水機之冰水出水溫度，冰水機之運轉效率會提高，但冷卻盤管之離風露點溫度，會因冰水溫度提高而同步提高，對室內環境之除濕能力將下降，室內之相對濕度必然因而提高；因此，要提高冰水機之冰水出水

溫度，必須將空調系統之冷卻除濕與補償冷卻分開，並分別設計低溫與中溫之冰水機，針對補償冷卻之中溫冰水機，適時提高冰水機之冰水出水溫度。

　　如果沒有將冷卻除濕與補償冷卻分開，為了補償等效溫度因相對濕度提高而偏高，使用者勢必降低室內之溫度設定，結果反而造成建築外殼之冷氣負荷，因室內外溫差增加而提高，冰水機之耗電量會因冷氣負荷提高而增加，這將會抵消冰水機效率提高之節能效益。

　　對於冷卻除濕後再熱之恆溫恆濕場所，空調箱之除濕能力下降時，必然要增加空調箱之風量，使得再熱量增加，由於再熱量將會是冰水機負荷的一部份，結果冰水機之耗電量反而會因負荷提高而增加。

　　提高冰水機之冰水出水溫度，雖然可以提高冰水機之效率，但冰水泵與風車之耗電量將增加，大部分評估者容易陷入設計條件之迷思，認為冰水機之耗電量遠大於冰水泵與風車之耗電量；實際上，尖峰負荷通常僅設計條件的 90%，而且大部分冷氣負荷很少高於尖峰負荷的 50%，當冷氣負荷減半時，冰水機之耗電量也會減半，但在定頻工況之冰水泵與風車耗電量卻不變。

　　要評估提高冰水機出水溫度之節能效益，不能用設計條件來計算耗能消長，而必須採逐時計算冰水主機場（冰水機、冷卻水泵、一次冰水泵與冷卻水塔風車馬達之耗電總和）與風車之耗電量。

將冷卻除濕和補償冷卻分開之空調水路系統

2018 年美國 ASHRAE 開始談論利用控制系統，動態提高冰水溫度之節能措施，當冷氣負荷下降、冷卻盤管之冷卻能力有比較多裕度時，適時提高冰水機之出水溫度，來提高冰水機效率，藉以減少冰水機之耗電量。

冠呈能源環控王技師詢問筆者：台灣適不適合採用動態提高冰水溫度之節能措施？

筆者：那室內環境之相對濕度怎麼辦？

高濕環境之地區（如台灣），必須有足夠低之冰水溫度來進行除濕，否則室內之相對濕度會偏高。

高濕環境之地區，夏季冷卻除濕之除濕量比較大，室內之相對濕度不至於偏高太多，但春秋季節冷卻除濕之除濕量大幅減少，室內相對濕度已經明顯偏高，如果採用動態提高冰水溫度之節能措施，利用春秋季節之冷氣負荷較低，來提高冰水機之冰水出水溫度，室內相對濕度偏高之問題一定會更嚴重！

如何善用控制系統來進行動態提高冰水溫度之節能措施？讀者試想：如果將冷卻除濕與補償冷卻分開，補償冷卻部分是不是就沒有除濕需求？那就可以提高冰水機之冰水出水溫度了。

分別設置低溫冰水機與中溫冰水機之雙冰水溫度系統，低溫冰水用來冷卻除濕、中溫冰水則用來補償冷卻，中溫冰水機自然得以提高效率與冷卻能力，當室內冷氣負荷減少時，也可以利用動態提高冰水溫度之節能措施，讓冰水機之出水溫度再提高。

雙冰水溫度系統分別供應冷卻除濕與補償冷卻，如何讓兩個冰水系統能夠發揮功能、而且相互支援，筆者於是在 2018 年底發明階梯型共通管之空調水路系統。

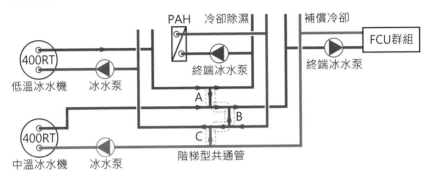

　　階梯型共通管之空調水路系統，利用低溫冰水機與中溫冰水機分別製造低溫冰水與中溫冰水，低溫冰水優先供應 PAH（或 AHU）之冷卻除濕，剩餘之低溫冰水則與中溫冰水匯流，再供應 FCU 群組之補償冷卻，PAH 之冰水回水優先回至低溫冰水機，FCU 群組之冰水回水則優先回至中溫冰水機。

　　PAH 與 FCU 群組分別設置變頻終端冰水泵，可以讓分路之水壓降隨負荷減少而降低，藉以降低冰水泵之耗電量，同時解決 FCU 群組之冰水過流量問題，相當於恆定冰水回水溫度之動態平衡元件。

　　階梯型共通管之空調水路系統，也可以用在冷卻樑板空調系統與電子科技廠之雙冰水溫度系統，PAH 相當於冷卻樑板空調系統之 DOAS（專用外氣處理空調箱）或電子科技廠之 MAU，FCU 群組則相當於冷卻樑板或乾盤管（Dry Coil）。

如何優化空調儲冰系統之設計？

　　以宏達電新店研發大樓之空調系統為例，原設計之空調儲冰系統：600RT 冰水機一台、300RT 冰水機兩台，並另設 600RT 滷水機一台來搭配儲冰空調設備。

　　該案雖然有足夠之冰水機來搭配儲冰空調設備，但仍然有優化之空間。

　　宏達電要申請 LEED 認證，筆者（當時為 LEED 輔導團隊之顧問）建議將空調冰水系統優化為 600RT 冰水機兩台、300RT 滷水機兩台來搭配儲冰設備。

　　優化後之空調冰水系統，備用泵與配管得以簡潔許多，而且當一台 300RT 滷水機檢修時，儲冰設備還有一半之製冷容量，空調系統之可靠度也得以大幅提高。

　　開檢討會時，原設計空調技師質疑：600RT 之冰水機如何應負夜間電力離峰時段之加班需求？

　　筆者基於性價比進一步檢討說明：由於夏季夜間加班之冷氣負荷僅 100RT，開啟 300RT 之冰水機也太大，況且春秋季之冷氣負荷可能遞減為 30RT、甚至更低。

　　如果真的考量夜間電力離峰時段加班之需求，那必須另外設置 70RT 與 30RT 冰水機各一台，而不是起動 300RT 冰水機來滿足夜間電力離峰時段之加班需求。

　　另外設置 70RT 與 30RT 冰水機會增加造價，春秋季節利用 30RT 冰水機來供應冷氣，也只能減少冰水機之起停次數，並不是最佳選擇。

　　如果以性價比來務實考量，儲冰空調設備其實是可以解決這個問題的，因為只要在夜間進行製冰模式時，

以小水泵引用一點點儲冰設備之冷能，來供應夜間電力離峰時段加班之需求冷氣，不就萬事 OK 了嗎！

　　讀者或許會質疑：引用滷水機製冰模式之冷能來供應冷氣！滷水機效率比較差，會很耗電耶！

　　事實上，如果讀者詳細評估 300RT 冰水機操作在 30~100RT 之工況，會發現冰水機比滷水機更耗電！

　　讀者試想：光運轉 300RT 冰水機之冷卻水泵與冰水泵等附屬設備耗電量，可能就比滷水機增加之耗電量還高，300RT 之冰水機或許還要操作在高耗能之冷媒熱氣旁通模式！

　　如果以電子廠之冰水系統為例：對於雙冰水溫度系統，當外氣空調箱之冷卻除濕負荷因氣溫下降而大幅減少時，與其使低溫冰水機操作在低載工況，不如將部分冷能支援到中溫冰水系統，整體空調冰水系統之耗電量反而會更低！

　　進一步檢討，低溫冰水機效率會比中溫冰水機差，以低溫冰水機之冷能支援中溫冰水系統，明顯有節能改善空間，如果低溫冰水系統設計適量之儲冰空調設備，那低載工況之春秋季節，其實可以不用運轉低效率之低溫冰水機，而且當部分中溫冰水機檢修時，儲冰空調設備之滷水機空調模式，可以做為中溫冰水機之備載。

　　「節能減碳」除了考量運轉電力之降低外，也要檢討設備材料產製過程中之耗能，同時考量初設費用與運轉電費之高低，是比較務實之執行方式，如果以性價比來檢討，那為了夜間加班而設置 70RT 與 30RT 冰水機各一台，就不是很好的設計了！

國家圖書館出版品預行編目(CIP)資料

實用環境控制與節能減碳 / 陳良銅著.-- 初版. -- 臺北市 : 前衛,
2020.08，224 面 ; 15*21 公分 ISBN 978-957-801-914-0(平裝)

1.空調工程 2.能源節約

446.73   109009462

實用環境控制與節能減碳

作　　者　陳良銅
責任編輯　陳良銅
封面設計　李偉涵

出 版 者　前衛出版社
　　　　　104056 台北市中山區農安街 153 號 4 樓之 3
　　　　　電話：02-25865708｜傳真：02-25863758
　　　　　郵撥帳號：05625551
　　　　　購書・業務信箱：a4791@ms15.hinet.net
　　　　　投稿・代理信箱：avanguardbook@gmail.com
　　　　　官方網站：http://www.avanguard.com.tw
出版總監　林文欽
法律顧問　南國春秋法律事務所
總 經 銷　紅螞蟻圖書有限公司
　　　　　114066 台北市內湖區舊宗路二段 121 巷 19 號
　　　　　電話：02-27953656｜傳真：02-27954100

出版日期　2020 年 10 月初版一刷
定　　價　新台幣 400 元

*請上『前衛出版社』臉書專頁按讚，獲得更多書籍、活動資訊
https://www.facebook.com/AVANGUARDTaiwan